MASCHINENPISTOLEN SEIT 1945

ENTWICKLUNG – TYPEN – TECHNIK

Michael Heidler

VISIER Motorbuch Verlag

Einbandgestaltung: Luis dos Santos

Bildnachweis: Die zur Illustration dieses Buches verwendeten Aufnahmen stammen – wenn nicht anderes vermerkt ist – vom Verfasser.

ISBN: 978-3-613-04218-6

1. Auflage 2019

Sie finden uns im Internet unter www.motorbuch-verlag.de

Lektorat: Martin Gollnick
Innengestaltung: Jürgen Knopf
Druck und Bindung: DZS Grafik, d.o.o., 1210 Ljubljana-Sentvid
Printed in Slovenia

Vorwort

Das Ende des Zweiten Weltkriegs brachte einen tiefen Einschnitt in die Entwicklungsarbeiten auf dem Rüstungssektor. Die Nachkriegsjahre waren erst einmal davon geprägt, dass Unmengen von fast neuwertigem Kriegsgerät auf dem Weltmarkt vorhanden waren. Der Nachschub der Alliierten lief bis über die Kapitulation hinaus, und so hinterließ deren Kriegsmaschinerie in Europa riesige Depots mit Waffen, Munition und sonstigen militärischen Gerätschaften. Manches davon war zwar veraltet, aber dafür unschlagbar billig zu haben. Angesichts solchen Überflusses hatten es Entwickler mit neuen Erfindungen schwer. Viele Staaten bedienten sich lieber aus dem üppigen Angebot der weltweiten Großhändler. Und selbst die ärmsten Länder konnten sich nun automatische Waffen leisten oder bekamen sie gar als Entwicklungshilfe geliefert.
Die Erfahrungen im Krieg führten auch zu einem Umdenken, was den Einsatz von Maschinenpistolen betrifft. Mit dem Sturmgewehr war zudem eine Konkurrenz entstanden, die völlig neue taktische Möglichkeiten bot. Die Militärs suchten nun nicht mehr nach einer billigen, in Massen herzustellenden Angriffswaffe im Pistolenkaliber. Und so drängte der Vormarsch der Sturmgewehre für leichte Gewehrpatronen die Maschinenpistolen in andere Rollen: sie wurden Selbstverteidigungswaffen von rückwärtigen Einheiten und kompakte Nahkampfwaffen für Spezialeinheiten. Und sie helfen der Polizei im Kampf gegen den zunehmenden Terror.

Eine Beschreibung aller Maschinenpistolen seit Kriegsende würde den Rahmen dieses Buches bei weitem sprengen. Vielmehr soll dem Leser eine Auswahl aus den vielfältigen Entwicklungen rund um den Globus näher gebracht werden.
An dieser Stelle möchte ich wieder allen hilfsbereiten Personen und Institutionen danken, die mich bei dieser Arbeit unterstützt haben.
Neben einem Dank an meinen Autorenkollegen Alexander Losert geht noch ein besonderer Dank für Fotos und technische Informationen an die Herren Alex MacKenzie und Richard Colton vom Springfield Armory Museum, Les Jensen vom West Point Museum, Jonathan Ferguson vom National Firearms Centre Leeds, Jan Skramoušský vom Militärmuseum Prag, das Militär- und Festungsmuseum Full-Reuenthal, das Polizeimuseum Zagreb, das Bundeskriminalamt in Wiesbaden und die Rock Island Auction Company (USA).
Viele hervorragende Fotos habe ich auch diesmal wieder meiner Frau Claudia zu verdanken.
Abbildungen ohne Herkunftsnachweis stammen aus dem Archiv des Autors oder von hilfsbereiten Personen, die nicht namentlich genannt werden möchten.

Steinheim, Frühjahr 2019

Michael Heidler

Inhalt

Vorwort - - - - - - - - - - - - - - - - - - 3

Geschichte & Technik - - - - - - - 6

Die Erfinder - - - - - - - - - - - - - - - 12

Das Zubehör - - - - - - - - - - - - - - 14

Deutschland
DUX - - - - 18
Erma MP 56 bis MP 64 - - - - 22
Mauser M 57 - - - - 24
Walther MPl und MPk - - - - 26
Heckler & Koch MP 5 - - - - 30
Heckler & Koch MP 7 - - - - 34

Österreich
Steyr MP 69 und MP 81 - - - - 36
Steyr TMP - - - - 40

Italien
Beretta M12 - - - - 42
Franchi LF 57 - - - - 46

Tschechien
Samopal vz. 48 (Sa 23 bis 26) - - - - 50
Samopal vz. 61 »Škorpion« - - - - 52
EVO 3 »Scorpion« - - - - 56

Belgien
Vigneron - - - - 58
P90 - - - - 62

Frankreich
MAT 49 - - - - 64
Carabine Mitrailleuse Hotchkiss (CMH) - - - - 66

Polen
PM-63 »Rak« - - - - 68
PM-84 »Glauberyt« - - - - 72

USA
Ingram Model 6 - - - - 74
Ingram M-10 - - - - 78
Smith & Wesson 76 - - - - 80
Calico M960 - - - - 84

Israel
Uzi - - - - 86

Andere - - - - - - - - - - - - - - - - - - 92

Argentinien
P.A.M.1 & 2 und FMK-3 - - - - 92

China
Typ 64 - - - - 96

Dänemark
Madsen M-46, M-50 und M-53 - - - - 98

Großbritannien
Sterling - - - - 102

Schweden
Kulsprutepistol m/45 »Carl Gustaf« - - - - 106

Spanien
Spanien: Star Z-62, Z-70 und Z-84 - - - - 110

Mexiko
Mendoza HM-3 - - - - 114

Kroatien
Pleter, Crogar, Agram, Šokac, Zagi und ERO - 116

Geschichte & Technik

Während des Krieges war die Maschinenpistole zur Massenware degradiert worden. Technisch anspruchsvollere Konstruktionen oder vom Gewöhnlichen abweichende Ideen hatten kaum eine Chance auf Umsetzung. Erst nach dem Krieg wurden diese innovativen Gedanken zum Teil wieder aufgegriffen und mit neuen Erkenntnissen kombiniert.
So hatte beispielsweise Giovanni Oliani in Italien schon 1942 einen Verschluss in Form eines liegenden L konstruiert, dessen Hauptmasse sich in einer Röhre über dem Lauf bewegt und von dem nur ein kleiner Teil mit integriertem Zündstift das Patronenlager abschließt. Beim Ladezyklus kommt der Verschluss mit einem kurzen Weg aus, wodurch das Waffengehäuse insgesamt kürzer gestaltet werden kann. Außerdem fördert es die Präzision, da die Verschlussbewegung mehr im Schwerpunkt der Waffe stattfindet.
In den 60er-Jahren etwa verwendete Walther einen solchen Verschluss in den MPK und MPL. Nach dem Krieg entwickelten die Tschechen aus dieser Idee heraus den sogenannten »Teleskop-Verschluss«: das Prinzip mit der Masseverlagerung blieb gleich, aber die Masse läuft nun nicht mehr über dem Lauf, sondern um den Lauf herum. Der im Durchmesser etwas größer gehaltene Verschlusskörper verfügt über eine von der Stirnseite bis fast zum hinteren Ende reichende Längsbohrung im Durchmesser des Laufs. Am Ende der Bohrung ist der Schlagbolzen eingebaut. Bei geschlossenem Verschluss ragt der Lauf so weit in ihn hinein, dass das Patronenlager vor dem Schlagbolzen liegt und die Patrone gezündet werden kann. So entstand in der Tschechei ab 1948 die vz.48-Serie.
Mit dieser Serie wurde auch gleich noch eine weitere zukunftsweisende Idee verwirklicht: das Griffstück

Die OG-43 von Giovanni Oliani aus dem Jahre 1942.

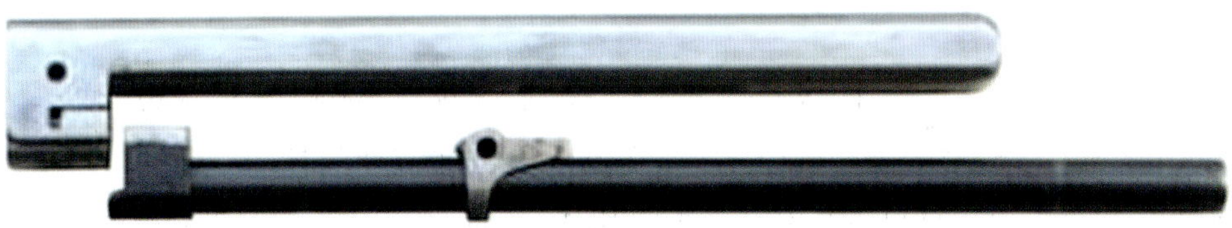

Die Hauptmasse des Verschlusses in Form eines liegenden L bewegt sich über dem Lauf.

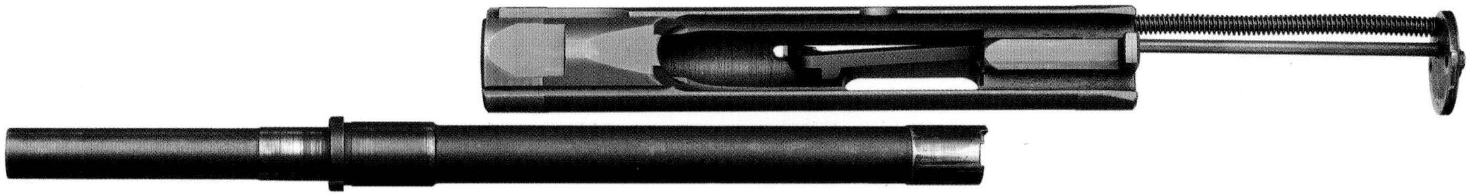

Der Verschlusskörper der tschechischen Sa 25 mit seinem weit zurückgesetzten Stoßboden umschließt einen großen Teil des Laufs. Das macht die Waffe kürzer.

mit integriertem Magazinschacht. Der Pistolengriff war nun zentral im Schwerpunkt angebracht. Mit solcherlei Waffen ist ein gut ausbalanciertes Schießen auch einhändig möglich. Zudem erleichtert die Konstruktion den Magazinwechsel im Dunkeln, da erfahrungsgemäß die eine Hand die andere leichter findet als einen Magazinschacht irgendwo vor der Griffhand. Viele bekannte Klein-MPs, wie beispielsweise die Uzi oder die MAC-10, sind nach diesem Prinzip aufgebaut.

Insgesamt betrachtet zielten die meisten Veränderungen darauf ab, den Waffentyp »Maschinenpistole« immer kleiner und handlicher zu machen – unter Beibehaltung der Kontrollierbarkeit bei Feuerstößen. Dies war ja bei frühen Selbstladepistolen mit Dauerfeuereinrichtung ein großes Manko. Doch jetzt erforderte die Schaffung von spezialisierten Truppenteilen wie Fallschirmjägern, Kommandoeinheiten oder auch von Spezialeinheiten der Polizei eben solche handlichen und trotz-

Ein zentral im Schwerpunkt angebrachtes Griffstück mit integriertem Magazinschacht ermöglicht ein gut ausbalanciertes Schießen auch mit einer Hand. Wie hier mit der italienischen Socimi 821.

Polnische Panzerbesatzungen mit PM-63 als Selbstverteidigungswaffe. Sie wurde wie eine Pistole im Holster getragen.

dem feuerstarken Waffen. Schäfte zum Anklappen oder zum Ein- und Ausziehen wurden bald Standard.

Die Franzosen gingen noch einen Schritt weiter und schufen mit der Hotchkiss Universal eine zusammenklapp- und -schiebbare Maschinenpistole. Der hohle Pistolengriff klappt über den Abzugsbügel, der Magazinschacht klappt nach hinten und verhakt sich mit der nach unten vorne geklappten Schulterstütze, das Magazin rutscht anliegend unter die Waffe und der Lauf kann bis zur Hälfte in das Gehäuse hineingeschoben werden. Dieses kompakte Gebilde ließ sich leicht verstauen, und im Notfall hatte man nach dem Ausklappen bereits ein Magazin in der Waffe.

Nicht allen originellen Entwürfen war ein kommerzieller Erfolg vergönnt. Manche verschwanden schnell wieder in der Versenkung, wie etwa die ebenfalls französische MGD PM-9 von Merlin & Gerin in Grenoble. Von dieser Kleinst-MP mit Schwungradantrieb fertigte Erma in Dachau sogar zehn Stück in Lizenz, aber die Herstellung war so teuer, dass niemand die Waffe kaufen wollte. Die vielen neuen Maschinenpistolen-Konstruktionen führten ganz nebenbei zu einer Reduzierung der verwendeten Kaliber. Zahlreiche bis in die

Der Einfluss der Uzi auf das Design der Socimi 821 lässt sich nicht leugnen.

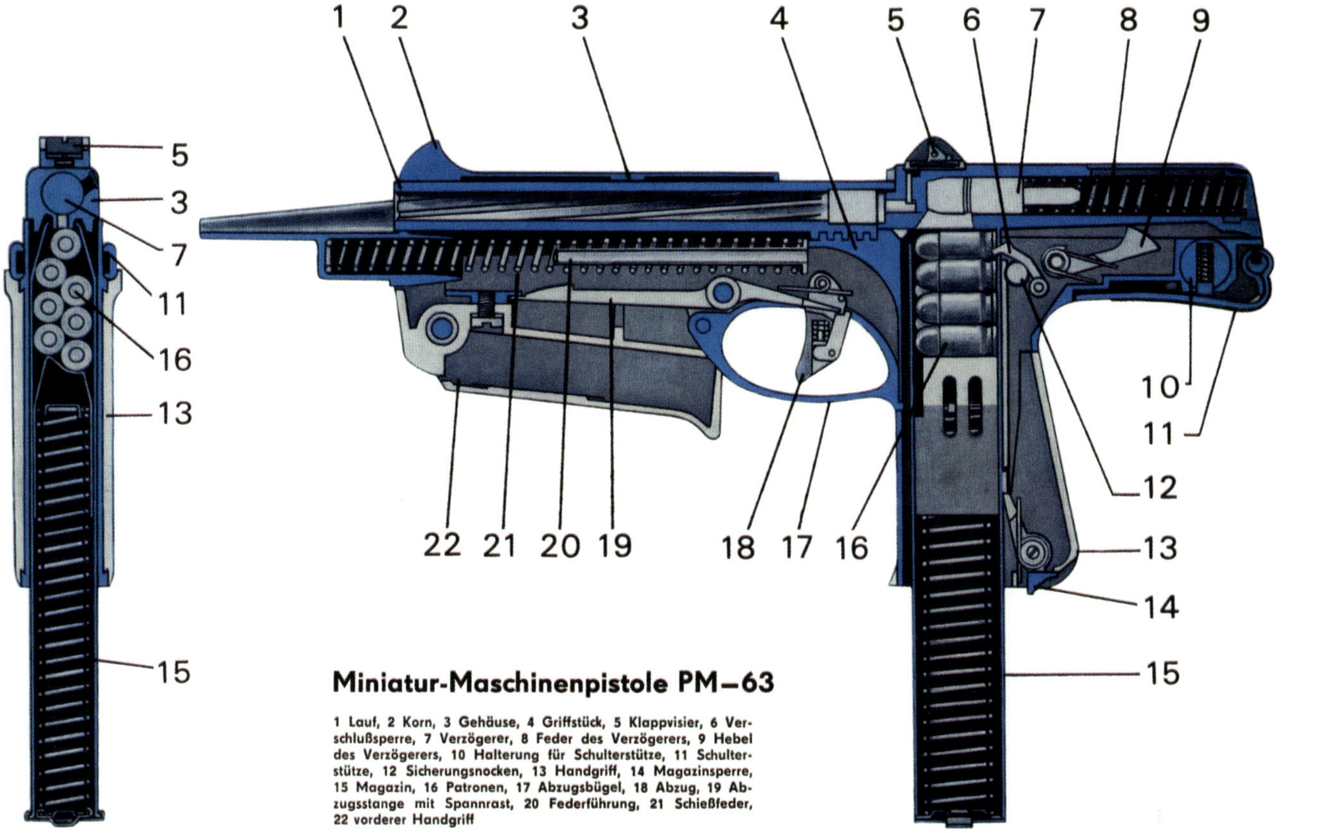

Ausbildungsmaterial der DDR zur »Miniatur-Maschinenpistole PM-63«, wie die polnische PM-63 dort genannt wurde.

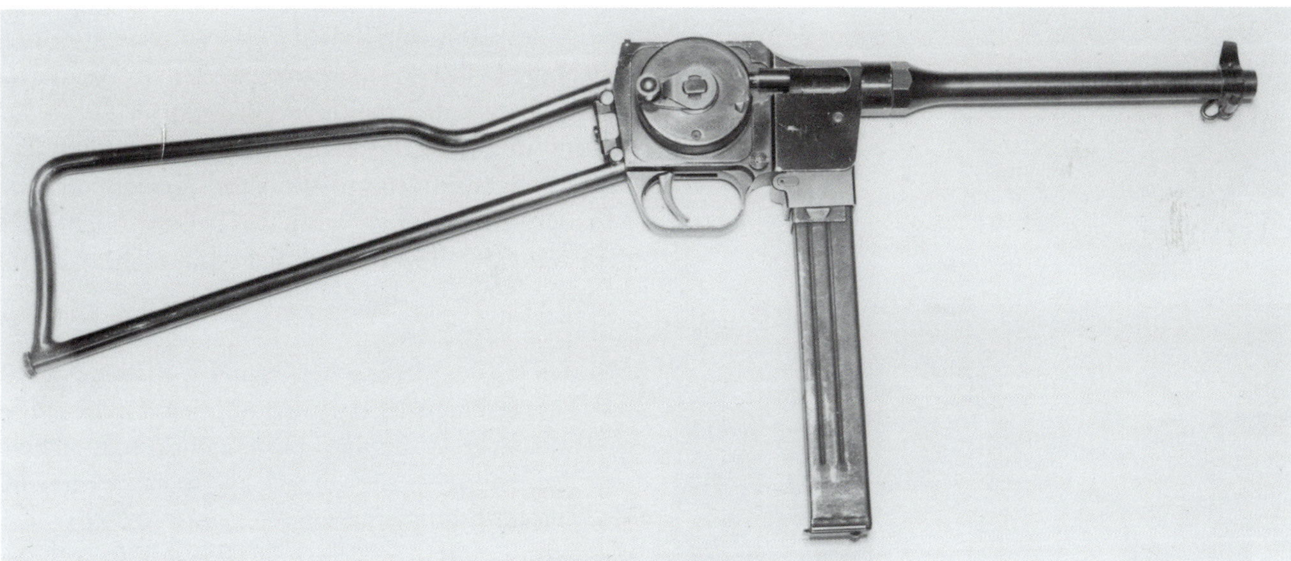

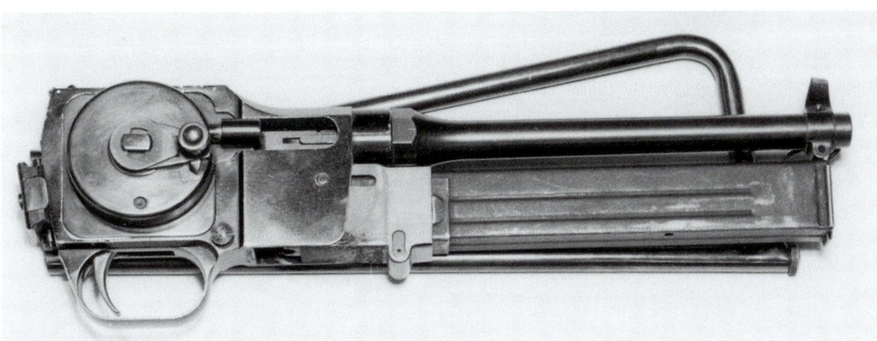

Erma versuchte erfolglos, die zusammenklappbare MGD PM-9 in Deutschland zu vermarkten. Ihre Herstellung war zu teuer und der Schwungradantrieb unzuverlässig.

Kriegszeit hinein verwendeten Kaliber starben nach und nach aus. Die meisten heute weltweit verwendeten MPs sind für die Patrone 9 x 19 mm Parabellum eingerichtet. In den USA hält sich noch das stärkere Kaliber .45 ACP, hat aber durch die 9-mm-Waffen starke Konkurrenz bekommen. In den vom Ostblock geprägten Ländern wird das Kaliber 7,62 mm Tokarev bevorzugt. Dazwischen tauchen zwar immer wieder Ausnahmen auf, wie beispielsweise die tschechische Skorpion in 7,65 mm Browning, aber ansonsten wird der Markt von diesen drei Kalibern dominiert.
Im Laufe der Zeit musste das Anforderungsprofil für Maschinenpistolen ständig den sich verändernden Gegebenheiten angepasst werden. Aus vielen Bereichen wurden die Maschinenpistolen durch Sturmgewehre verdrängt, insbesondere durch deren verkürzte Ausführungen. Bei Kampfeinheiten macht das auch Sinn, doch für rund 80 Prozent einer modernen Armee ist Kämpfen mit Handwaffen nicht die primäre Aufgabe. Sie unbewaffnet zu lassen wäre leichtfertig, Sturmgewehre sind unhandlich und teuer und Pistolen erfordern viel und regelmäßiges Üben. Anfang der 90er-Jahre reagierte die NATO darauf mit der Suche nach einer Verteidigungswaffe für Nicht-Kampfgruppen, einer sogenannten PDW (Personal Defence Weapon). Die Suche wurde zunehmend dringlicher durch die Verbreitung von durchschusshemmender Schutzbekleidung mit Titanplatten und Kevlareinlagen. Mit der guten alten 9 mm Parabellum oder auch der stärkeren .45 ACP ist dagegen nichts auszurichten.

Mit der P90 der belgischen Firma Fabrique National (FN) erschien 1991 eine für diesen Zweck maßgeschneiderte Waffe im speziell dafür entwickelten Kaliber 5,7 x 28 mm. Das Geschoss erreicht eine Mündungsgeschwindigkeit von 700 m/s und durchdrang alle damaligen Schutzwesten mühelos auf bis zu 150 Meter.

Gegen moderne Schutzbekleidung mit Titanplatten und Kevlareinlagen lässt sich mit dem Kaliber 9 mm oder auch der stärkeren .45 ACP nicht viel ausrichten.

Auch der U.S. Secret Service nutzt die belgische FN 90 im Kaliber 4,6 x 30 mm.

Acht Jahre später zog Heckler & Koch nach und bot eine eigene PDW im Kaliber 4,6 x 30 mm an. Im Zuge des Programms »Infanterist der Zukunft« wurde die Waffe inzwischen als MP 7 bei der Bundeswehr eingeführt und ersetzt die Pistole als Zweitbewaffnung von MG- und Panzerfaust-Schützen sowie Gruppenführern. Die MP 7 dient zudem dem KSK und den Feldjägern beim Einsatz in fernen Ländern. Auch international zeigt sich reges Interesse an dieser Waffe. Die Zukunft wird letztendlich zeigen, welche Patrone sich am Ende dauerhaft durchsetzen wird – die 4,6 mm von H&K oder die 5,7 mm von FN.

Die beiden Konkurrenten im Vergleich: Mittig die 5,7 x 28 mm von FN, rechts die 4,6 x 30 mm von HK. Links zum Vergleich eine gewöhnliche 9 x 19 mm Para.

Die Erfinder

Angesichts der zahlreichen Maschinenpistolen, die nach dem Zweiten Weltkrieg bis heute entstanden sind, ist es schwierig, eine Auswahl an bedeutenden Erfindern zu treffen. Viele erdachten clevere Konstruktionen oder schafften kommerzielle Erfolge. Doch nur wenige schufen Meilensteine in der Geschichte der Maschinenpistolen. So wie etwa Uziel Gal, dessen »Uzi« die wohl bekannteste MP der Welt sein dürfte. Hier ist seine Geschichte:

Uziel Gal

Am 15. Dezember 1923 erblickte Gotthard Glas im thüringischen Weimar das Licht der Welt. Sein Vater war der bekannte jüdische Grafiker und Maler Erich Glas, seine Mutter war von evangelischer Konfession. Die ersten Lebensjahre des kleinen Gotthard verliefen unbeschwert, doch die politisch zunehmend unruhigen Zeiten warfen ihre dunklen Schatten voraus. Die Machtergreifung Hitlers ließ nichts Gutes erahnen – insbesondere nicht für Juden. Ursprünglich in Weimar eingeschult, kam Gotthard im August 1933 auf Wunsch seiner Eltern in das reformpädagogische Landschulheim von Anna Essinger in Herrlingen bei Ulm. Dieser Wechsel rettete wahrscheinlich sein Leben. Frau Essinger stand nämlich dem Nationalsozialismus sehr ablehnend gegenüber und bereitete noch im Oktober desselben Jahres die Flucht ihrer Schüler und Lehrkräfte vor. Über das belgische Ostende ging es per Schiff nach Großbritannien. In der Umgebung von Canterbury fanden sie zunächst eine neue Heimat und gründeten die New Herrlingen School. Gotthard Glas blieb dort bis 1936, dann durfte er nach Palästina einreisen. Zwei Jahre zuvor war schon sein Vater aus Deutschland dorthin emigriert. Mit der Ankunft im Heiligen Land änderten sich die Lebensumstände dramatisch. Vater und Sohn bekamen eine Bleibe im Kibbuz Yagur zugewiesen, einer landwirtschaftlichen Genossenschaftssiedlung am Ostrand des Karmelgebirges. Auch neue Namen waren notwendig, und so wählte Gotthard für sich Uziel Gal. Das Leben im Kibbuz war hart und entbehrungsreich, und arabische Unruhen erschütterten das Land. Schon während der Schulzeit in Yagut fiel Uziel wegen seines Interesses an Waffen auf. Er durfte deshalb bald in der illegalen Waffenwerkstatt der Siedlung mitarbeiten. Als 18-Jähriger trat er in die Untergrundgruppe »Palmach« ein. 1943 wäre seine Karriere jedoch fast schon zu Ende gewesen: Als Waffenkurier wurde er bei einer britischen Straßenkon-

Uziel Gal als junger Hauptmann. In seiner rechten Hand die Uzi und in der anderen die deutsche MP 38.

trolle geschnappt und zu sieben Jahren Haft im berüchtigten Zuchthaus von Akko verurteilt. Wegen guter Führung vorzeitig entlassen, kehrte er im Sommer 1946 nach Yagut zurück. Die Zeiten wurden zunehmen unruhiger. Am 14. Mai 1948 zogen sich die letzten britischen Streitkräfte aus Palästina zurück, und David Ben Gurion verlas die israelische Unabhängigkeitserklärung. Noch in der Gründungsnacht erklärten Ägypten, Saudi-Arabien, Jordanien, Libanon, Irak und Syrien dem jungen Staat den Krieg. Die Armee brauchte nun Waffen, vor allem auch eine Maschinenpistole. Uziel Gal erreichte eine Abkommandierung an die staatseigene Rüstungsindustrie IMI und begann, seine Ideen zu verwirklichen.

Ein Pressefoto von Uziel Gal mit seiner Waffe aus der Zeitung D'var Hashavua vom April 1956.

1952 war der Prototyp fertig, und nach ausgiebiger Erprobung lief 1954 die Serienfertigung der Uzi an. Uziel Gal war 1958 der erste Preisträger des Israel Security Awards, der ihm in Anerkennung seiner Entwicklungsarbeit verliehen wurde. In den Folgejahren entstanden zahlreiche weitere Modelle der Uzi, und Uziel Gal nahm auch am Wettbewerb für ein neues Sturmgewehr teil. Im Jahre 1976 zog er mit seiner Familie nach Philadelphia in den USA, damit seine Tochter Tamar, die an einer schweren Hirnerkrankung litt, dort medizinisch behandelt werden konnte. Die Hoffnung auf Heilung erfüllte sich jedoch leider nicht und sie erlag 1984 ihrem Leiden. In den USA arbeitete Gal für verschiedene Firmen, bevor er sein eigenes Beratungsunternehmen GALTECH gründete. 1998 verstarb seine Frau Ahuva an Krebs. Uziel Gal selbst starb am 7. September 2002 im Alter von 78 Jahren an Bauchspeicheldrüsenkrebs. Er wurde im Familiengrab in Yagur beerdigt.

Firmenzeichen von IMI (Israel Military Industries) auf einem Uzi-Gehäuse.

Das Zubehör

Der allgemeine technische Fortschritt nach dem Zweiten Weltkrieg spiegelte sich natürlich auch im Zubehör für Waffen wider. Manches war noch zu Kriegszeiten begonnen worden, konnte aber unter herrschenden Bedingungen nicht mehr vollendet werden. So kam etwa die Infrarot-Technik erst nach dem Krieg so richtig in Schwung. Überhaupt wurde die Stromversorgung ein zunehmend wichtiger Faktor – inklusive der damit verbundenen Abhängigkeit. Und je mehr elektrisches Gerät an eine Waffen angebaut wird, desto anfälliger wird sie auch. Es muss also sichergestellt sein, dass der Soldat seine Waffe auch beim Ausfall dieser Komponenten noch einsetzen kann.

Eine wesentliche Erleichterung bei der Verwendung von Anbauteilen sind Montageschienen. Zahlreiche moderne aschinenpistolen sind mit diesen ausgestattet oder zumindest damit nachrüstbar. Im Zweiten Weltkrieg wurde das Scharfschützengewehr Springfield 1903 A4 ab 1943 unter anderem mit einer von der Firma W. R. Weaver Co. entwickelten Montageschiene für das Zielfernrohr ausgeliefert. Im Laufe der Zeit wurde diese durch einige Veränderungen perfektioniert und fand durch den immer häufigeren Einsatz von Zubehörteilen weltweite Verbreitung. Die Quernuten der »Weaver Rail« ermöglichen es, ein Zubehörteil mit hoher Wiederholgenauigkeit nach der Demontage zu

Auch bei moderneren MPs bleibt bewährtes Zubehör in Verwendung, wie hier bei der schwedischen m/45. Der Hülsenfangsack wird über der Auswurföffnung befestigt und verhindert ein Verstreuen der leeren Patronenhülsen.

Um auch mit schwachen Platzpatronen Feuerstöße verschießen zu können, ist ein Platzpatronengerät zur Verengung der Mündung nötig. Nur so baut sich genügend Gasdruck auf.

Die simplen Nachtzielhilfen mit fluoreszierenden Farbpunkten werden einfach auf Kimme und Korn geklemmt. Doch Vorsicht, die Farbe auf älteren Modellen enthält oft radioaktive Bestandteile.

MP 7 von Heckler & Koch mit Picatinny-Schienen zur Montage von Zielhilfen und sonstigem Zubehör.

montieren, ohne nachjustieren oder die Waffe neu einschießen zu müssen. Die Nuten dienen außer zur Verriegelung auch zur Aufnahme von Beschleunigungskräften, wie sie beim Schuss auftreten. Um militärischen Ansprüchen zu genügen, entwickelte das Picatinny Arsenal daraus die genormte »Picatinny-Schiene«, deren Spezifikation im Februar 1995 als STANAG 2324 in die NATO übernommen wurde. In naher Zukunft soll diese Schiene durch die sogenannte »NATO-Schiene« abgelöst werden, die im Unterschied zur Picatinny-Schiene und deren Vorläufern unter anderem metrisch bemaßt ist.

An diesen Schienen können nicht nur zusätzliche Handgriffe, sondern auch taktische Lampen, Laserzielgeräte oder auch Granatwerfer befestigt werden. So kann der Schütze heute seine Waffe, je nach Modell mehr oder weniger individuell, auf sich und seine Bedürfnisse abstimmen.

Neben all diesem gebräuchlichen Zubehör gibt es natürlich auch exotische Entwicklungen. Die bekannte MP5 von Heckler & Koch kann beispielsweise in der Kurzversion MP5k in einem speziellen Hartplastikkoffer untergebracht werden. In seinem Inneren befindet sich eine Halterung für die Waffe und ein Gestänge, welches den Abzug der Waffe mit einem Druckknopf am Griff des Koffers verbindet. Vor der Mündung liegt eine mit Folie verschlossene kalibergroße Öffnung. Drückt nun der Kofferträger auf den Knopf, so beginnt die MP zu schießen. Gedacht war dieser Koffer für Personenschützer. Er ist aber auch bei wohlhabenden Waffenbesitzern im Nahen Osten sehr beliebt. Diese erwerben ihre MP5 auch gerne vergoldet.

Ein besonderes Zubehör für die MP5: der Schießkoffer. Die darin versteckte Waffe muss vorher gespannt werden. Der Abzug sitzt im Koffergriff. Alle leeren Hülsen bleiben im Koffer und hinterlassen so keine verräterischen Spuren.

Mit einem solchen Adapter auf dem Lauf kann die MP 5 auch aufsteckbare Gewehrgranaten verschießen.

Deutschland

DUX

Bereits kurz nach dem Ende des Zweiten Weltkriegs traten die Gegensätze der ehemaligen Verbündeten im Kampf gegen das Deutsche Reich klar zu Tage. Die politischen Interessen Russlands wichen deutlich von den Vorstellungen der westlichen Alliierten ab. Um für künftige Konflikte gewappnet zu sein, bildete sich 1949 auf westlicher Seite die NATO. Als Gegenreaktion auf den NATO-Beitritt der BRD erfolgte am 14. Mai 1955 die Gründung der Warschauer Vertragsorganisation, besser bekannt als Warschauer Pakt.
Die neu erschaffene Bundeswehr erhielt ihre Erstausstattung an Waffen, Fahrzeugen und Gerät hauptsächlich aus US-Beständen. Mit Übernahme von 9.572 Bundesgrenzschutz-Beamten gelangten auch zahlreiche Waffen der ehemaligen Wehrmacht in den Bestand der Bundeswehr. So zum Beispiel neben 9.000 Karabinern 98k und über 900 MG 42 auch die ehemals unter deutscher Besatzung gefertigte italienische Beretta-MP. Sie wurde als »MP 1« eingeführt.
Zu jener Zeit entstand im spanischen Oviedo ein Nachbau der finnischen Maschinenpistole M/44. Der deutsche Inhaber des finnischen Rüstungsbetriebs Tikkakoski Oy, Willi Daugs, war 1944 mit den Plänen dieser Waffe nach Schweden und später nach Spanien geflüchtet. Anfang 1950 stieg er wieder in die Waffenbranche ein und ließ unter dem Markennamen DUX (lateinisch: Führer) eine fast unveränderte Kopie fertigen.
Im Dezember 1952 legte Daugs eine dieser Waffen dem noch jungen Bundesgrenzschutz vor. Es folgte ein kleine Bestellung zur weiteren Erprobung. Die offizielle Bezeichnung der Waffe lautete »DUX 53«. Wie beim finnischen Vorbild konnten sowohl Stangen- als auch Trommelmagazine verwendet werden.
Nach Gründung der Bundeswehr Mitte 1956 erhielt diese ebenfalls 25 DUX-MPs. Auf der »Erprobungsstelle der Bundeswehr für Waffen und Munition« in Meppen im Emsland fanden über mehrere Jahre umfangreiche Erprobungen und Vergleiche von alten und neuen Maschinenpistolen statt. Das Teilnehmerfeld war international.
Daugs arbeitete in Deutschland unter anderem mit Sauer & Sohn, Mauser und Anschütz zusammen. Im Laufe der Erprobung entstanden zahlreiche leicht unterschiedliche Modelle, doch große

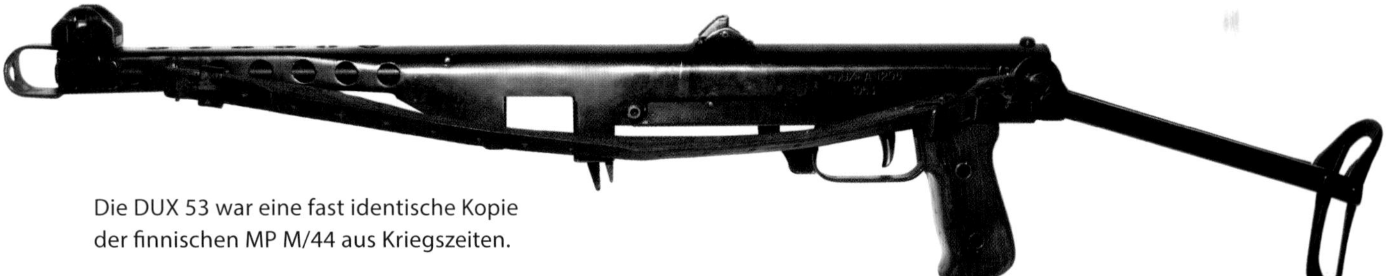

Die DUX 53 war eine fast identische Kopie der finnischen MP M/44 aus Kriegszeiten.

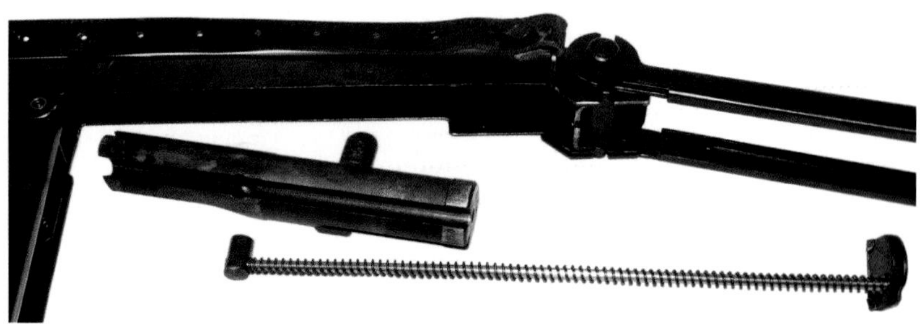

Die Schließfeder der DUX 53 läuft in einer Vertiefung an der linken Seite des Verschlusses entlang. Nach dem Aufklappen des Gehäuses können die Innenteile entnommen werden.

Markenzeichen »DUX mit Pfeil« auf einem Modell 1953.

Zwei umgebogene Blechstreifen greifen in seitliche Nuten am zurückgezogenen Verschluss. Somit kann das Gehäuse bei gespannter Waffe nicht versehentlich geöffnet werden.

Mündung der DUX 53 mit dem bereits von der PPS43 und der KP-44 her bekannten Mündungskompensator.

Blick in die Auswurföffnung. Oben im Gehäuse ist die Stange der Schließfeder zu sehen. Der Verschluss gleitet auf ihr vor und zurück.

Die seitliche Anordnung der Schließfeder schien bei den Russen und Finnen keine Probleme verursacht zu haben. Bei der Erprobung in Meppen wurde dies jedoch wegen dem »unschönen Abzuggang« bemängelt.

Verbesserte DUX-53 (Seriennumer 5005) von 1959 mit seitlich geschlossenem Magazinschacht. Die 50-Schuss-Kastenmagazine oder die Trommel konnten nicht mehr verwendet werden. Stattdessen gab es neu konstruierte gebogene Magazine für 32 bzw. 40 Patronen. Links über dem Griffstück befindet sich die Sicherung.

Versuchswaffe mit Seriennumer 5007. Der Magazinschacht wurde völlig überarbeitet und seitlich mit einem Drücker zum Lösen des Magazins versehen. Ein runder, den Lauf umschließender Kühlmantel, ersetzt die bisherige unten offene Ausführung.

Versuchsmuster einer Magazintasche für 4 Kastenmagazine.

Veränderungen oder revolutionäre neue Ideen suchte man bei ihnen vergeblich. Alle arbeiteten als unverriegelte Rückstoßlader mit Masseverschluss. Zur Verstärkung des Gehäuses wurden die bislang offenen Seiten des Magazinschachtes verschlossen. Dies hatte zur Folge, dass nun weder Trommelmagazine noch die 50-Schuss-Kastenmagazine weiterverwendet werden konnten. Es blieb nur noch ein schmales, 32 Patronen fassendes Stangenmagazin übrig. Auch der Spanngriff wurde auf Wunsch der Erprobungsstelle auf die linke Seite verlegt. Eine bemerkenswerte Änderung betrifft die Schließfeder: sie wurde bei der DUX 59 in einer teleskopartigen, ineinanderschiebbaren Röhre untergebracht – ganz wie bei der MP 40 aus dem Zweiten Weltkrieg. Willi Daugs hatte eben Erfahrung im Abkupfern. Erstaunlicherweise schnitten die Waffen von Willi Daugs bei all der Konkurrenz gar nicht schlecht ab. Im Juni 1960 waren gar nur noch drei Firmen im Rennen: Walther, Erma und Anschütz-DUX. Doch trotz einfacherer Technik, einem besseren Trefferbild und problemloser Handhabung hatte letztendlich die Konkurrenz-MP von Walther die Nase vorne. Sie funktionierte bei den Verschmutzungsversuchen fast einwandfrei. Die DUX hingegen neigte zum Klemmen und war – wenn überhaupt – nur noch im Einzelschuss zu gebrauchen. Somit war DUX aus dem Rennen.

Diese DUX 59 wurde 1960 in Meppen erprobt und unterlag nur knapp der Walther MPl. Die Schließfeder ist in Teleskopröhren untergebracht, wie einst bei der MP 40.

Diverse Modelle von DUX wurden erprobt, darunter auch diese Ausführung mit massivem Holzvorderschaft.

Technische Daten:		
DUX	DUX 53	DUX 59 (Anschütz-DUX)
Kaliber	9 x 19 mm	9 x 19 mm
Länge (Schaft eingeklappt)	620 mm	585 mm
Länge (Schaft ausgeklappt)	835 mm	795 mm
Lauflänge	250 mm	250 mm
Gewicht (ungeladen)	2,92 kg	3,15 kg
Magazinkapazität (Trommel)	71 Patronen	----
Magazinkapazität (Stange)	20, 36 und 50 Patronen	32 Patronen
Feuerarten	Einzelfeuer, Dauerfeuer	Einzelfeuer, Dauerfeuer
Feuerrate	600 Schuss/min	580 Schuss/min

Erma MP 56 bis MP 64

Nach Lockerung der alliierten Auflagen regte sich auch in Westdeutschland Anfang der 50er-Jahre wieder die Waffenindustrie. Die Erfurter Maschinenfabrik (Erma) nahm nach der Flucht von Erfurt nach Dachau bei München 1951 die Produktion von Maschinen und Werkzeugen wieder auf. Um 1955 stand für das Entwicklungsteam um Dipl.-Ing. Eckart auch wieder eine Maschinenpistole auf dem Programm. Der Erwerb der Patentrechte für die französische P.M.9 mit Schwungradantrieb erwies sich als nutzlos. Die Waffe war zu teuer, niemand zeigte Interesse daran. Daraufhin entwarf der inzwischen für Erma tätige französische Konstrukteur Louis Bonnet de Camillis eine Waffe mit zentralem Pistolengriff, der auch als Magazinschacht diente. Ihre offizielle Bezeichnung lautete MP 56. Da jedoch auch damit kein kommerzieller Erfolg absehbar war, verkaufte Erma die Konstruktion an Mauser.

Die weiteren Erma-Maschinenpistolen waren nun wieder konventionell aufgebaut, als Rückstoßlader mit Masseverschluss und Magazinschacht vor dem Griff. Mit der MP 57 SMART versuchte Erma, gleich zwei Fliegen mit einer Klappe zu schlagen, denn mit ihr war auch der Verschuss von Gewehrgranaten zur Panzerbekämpfung möglich. Dazu konnte der Verschluss in vorderer Stellung blockiert werden, um den gesamten Gasdruck auf die Granate wirken zu lassen. Über ein Gasdruckventil ließ sich die Schussweite steuern. Bei der Erprobung in Meppen zeigte sich die Bundeswehr mit den Leistungen zufrieden, aber die Fertigung war zu teuer. Die hochwertige Waffe besaß noch eine feste Schulterstütze und ein Griffstück aus Holz, ein Schiebevisier und einen gelochten Laufmantel. Die darauf folgende MP 58 ohne Granatabschussvorrichtung basierte auf der bewährten MP 40 mit Teleskopschließfeder, die zu Kriegszeiten unter an-

Ermas erste eigene Nachkriegsentwicklung war die MP 56. Wegen mangelnder Aussicht auf Erfolg wurde die Konstruktion an Mauser verkauft.

derem von Erma hergestellt worden war. Die Magazine blieben identisch. Im Frühjahr 1959 führte die Bundeswehr Versuche mit der MP 58 durch und gab sie anschließend mit Verbesserungswünschen an Erma zurück. Das überarbeitete Modell erhielt die Bezeichnung MP 59. Durch den Einbau eines hydraulischen Puffers konnte die Feuerrate zunächst wunschgemäß reduziert werden. Die Versuche zeigten aber einen raschen Verschleiß der Gummiteile und eine schleichend zunehmende Kadenz. In der Zwischenzeit hatten sich die Spezifikationen der Bundeswehr nochmals geändert, und so schied die MP 59 bei der folgenden Erprobung aus. Erma musste die Waffe also wieder überarbeiten und anpassen. Daraus entstand dann im Frühjahr 1960 die MP 60. Sie besaß als Besonderheit zwei parallele Schließfedern am Verschluss, und die 36-Schuss-Magazine stammten von der schwedischen MP m/45. Leiter der Entwicklung war nun Josef Eder, und Erma fertigte 20 Exemplare für eine interne Testreihe. Nach Abschluss der Versuche wurden nochmals 20 zusätzliche Exemplare für die Bundeswehr hergestellt, die sie dann von September bis Oktober 1960 ausgiebig erprobte. Doch auch jetzt zeigte sich die Bundeswehr wieder nicht zufrieden und ließ Erma nacharbeiten. Zwischenzeitlich hatte Erma die MP 61 konstruiert, die aber nicht rechtzeitig zu den Bundeswehr-Versuchen fertig geworden war. Aus dieser entstand nun die MP 64. Eigentlich hätte diese wieder der Bundeswehr vorgelegt werden sollen – doch mittlerweile war der Zug abgefahren: man hatte sich für die israelische Uzi als neue Standard-Maschinenpistole entschieden.

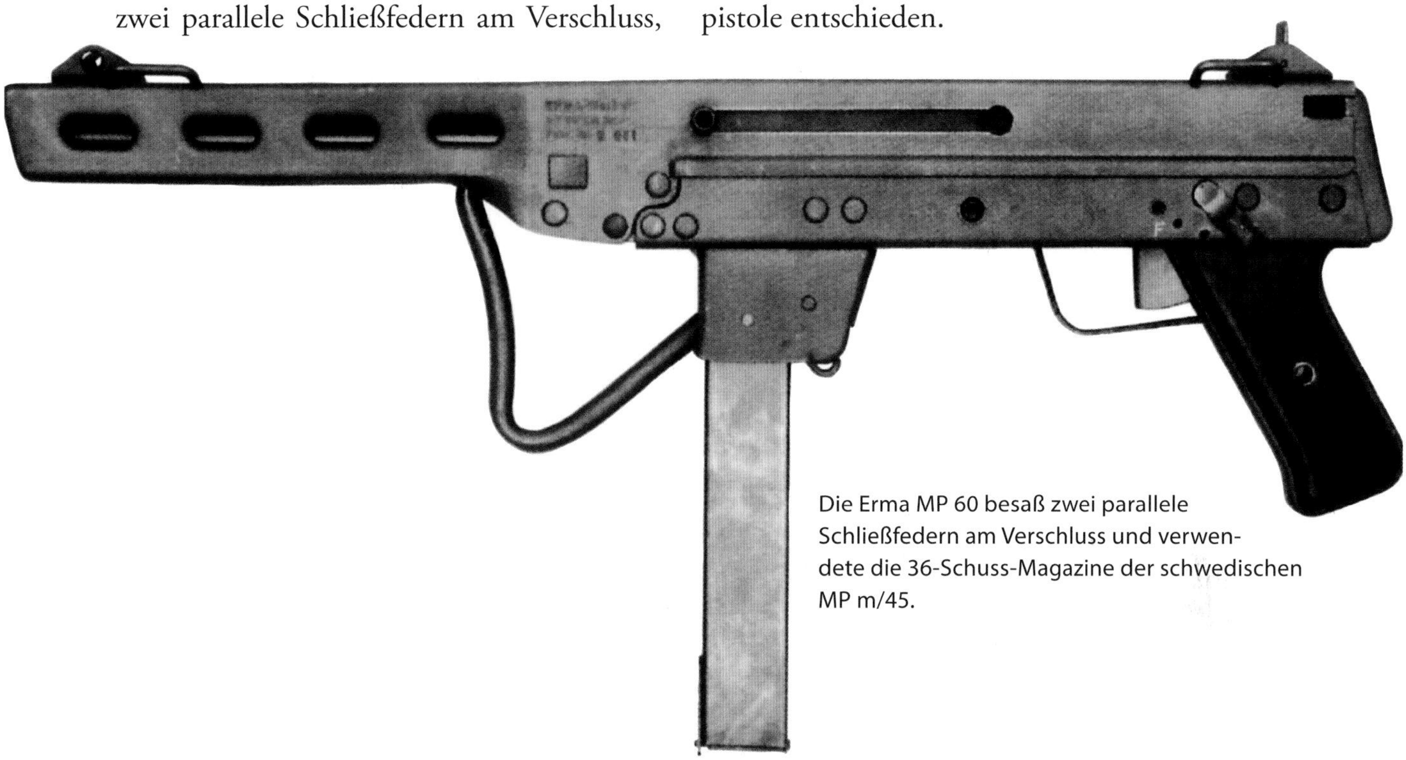

Die Erma MP 60 besaß zwei parallele Schließfedern am Verschluss und verwendete die 36-Schuss-Magazine der schwedischen MP m/45.

Technische Daten:				
Erma	MP 58	MP 59	MP 60	MP 64
Produktionszeit	1958	1959	1960–1961	1963–1964
Länge	700 mm	730 mm	790 mm	760 mm
Lauflänge	170 mm	210 mm	240 mm	240 mm
Gewicht (ungeladen)	3 kg	3,2 kg	3,3 kg	3,3 kg
Magazinkapazität	32 Patronen	30 Patronen	36 Patronen	36 Patronen
Feuerrate	670 Schuss/min	620 Schuss/min	500 Schuss/min	500 Schuss/min

Mauser M 57

Das Grundmodell dieser Maschinenpistole war von Louis Bonnet de Camillis entworfen und 1956 bei Erma in Dachau unter der Bezeichnung MP 56 gefertigt worden. Der Verlauf der Bundeswehr-Erprobung ließ für die Waffe jedoch keinen Erfolg erwarten, und Anfang 1957 verkaufte Erma die Konstruktion und sämtliche Rechte daran an Mauser in Oberndorf.

Mauser überarbeitete die Waffe nochmals in einigen Details, aber die Grundkonstruktion blieb weitestgehend gleich. Ermas MP besaß keine Schulterstütze. Nun wurde eine nach oben auf das Gehäuse klappbare Stütze angebaut. Auch der abklappbare vordere Handgriff erhielt eine andere Form und war dem Gehäuse besser angepasst. Die Mauser-Techniker bauten auch eine zusätzliche Griffsicherung in das Griffstück ein, die erst beim Umfassen des Griffs den Verschluss freigab. Die offizielle Bezeichnung bei Mauser lautete nun MP 57.

Obwohl die Waffe mit ihrem zentralen Pistolengriff mit integriertem Magazinschacht sehr modern wirkte, konnte sich die Bundeswehr nicht für dieses Modell begeistern. Am Ende blieb es bei lediglich 25 hergestellten Stück.

Die Erma MP 56 wurde nach dem Verkauf an Mauser dort weiterentwickelt und als MP 57 der Bundeswehr vorgestellt.

Foto einer zerlegten MP 57 aus dem Erprobungsbericht. Lauf und Verschluss können als eine Einheit entnommen und separat zerlegt werden.

Technische Daten:	
Mauser	MP 57
Produktionszeit	1957
Kaliber	9 x 19 mm
Länge (Schulterstütze ausgeklappt)	610 mm
Länge Schulterstütze eingeklappt)	430 mm
Lauflänge	250 mm
Gewicht (ungeladen)	3,15 kg
Magazinkapazität	32 Patronen
Feuerarten	Einzelfeuer, Dauerfeuer
Feuerrate	800 Schuss/min

Walther MPl und MPk

Auch der traditionsreiche Waffenhersteller Carl Walther kehrte mit dem Einmarsch der Roten Armee seiner Heimatstadt Zella-Mehlis in Thüringen den Rücken. Firmeninhaber Fritz Walther setzte sich nach dem Rückzug der Amerikaner mit einigen geretteten Konstruktionsunterlagen in den Westen ab und baute im württembergischen Heidenheim zunächst wieder Rechenmaschinen. Nach dem Umzug der Firma nach Ulm begannen dort 1950 die ersten Arbeiten an einer eigenen Maschinenpistole. Die Länderpolizeien wollten damals ihre alten Beretta-MPs durch ein moderneres Muster ersetzen, und so sah man bei Walther eine Chance, in dieses Marktsegment einzusteigen.
Abgesehen von Lauf und Verschluss und einigen Kleinteilen besteht Walthers Maschinenpistole komplett aus dickem Blech. Die Oberflächen des Gehäuses erhielten zusätzlich Versteifungsrillen. Sogar der stabile Klappschaft besteht aus PVC-überzogenem Profilrohr, das im Schulterbereich plattgedrückt wurde. Eine Besonderheit bildete der Verschluss in Form eines liegenden L, dessen längerer Schenkel oberhalb des Laufs arbeitet. Durch diese Konstruktionsweise kann der Verschluss der Waffe besonders kurz gehalten werden. Der Verschluss besitzt keinen beweglichen Schlagbolzen, sondern nur eine kleine Erhebung im Stoßboden. Der vom Verschluss getrennte Spannknopf befindet sich auf der vorderen linken Seite der Waffe. Durch Eindrücken kann der Spannknopf mit dem Verschluss verriegelt werden, sodass durch Rüttelbewegungen eine stark verschmutzte Waffe wieder gangbar gemacht werden kann. Eine Vorlaufsicherung verhindert das ungewollte Auslösen von Schüssen in jeder Situation.
Walther stellte zwei Ausführungen dieser Maschinenpistole her: das Modell »MP 9 mm x 19, Mod. lang« (MPl) und das Modell »MP 9 mm x 19, Mod. kurz« (MPk). Beide unterscheiden sich nur in der Länge

Die Walther-Maschinenpistolen MPl (vorne) und MPk (hinten) wurden hauptsächlich vom Bundesgrenzschutz und der Polizei verwendet. Die MPl auf diesem Foto hat ein Manöverpatronengerät zum Verschießen von Platzpatronen auf den Lauf aufgeschraubt. Die Exerzierpatronen dienen zum Üben der Lade- und Entladevorgänge, sowie zu Funktionstests ohne scharfen Schuss.

Walther lieferte seine Maschinenpistolen mitsamt Zubehör in Pappschachteln aus. In dem Einschub links neben den Magazinen steckt ein Platzpatronengerät zum Aufschrauben auf die Mündung.

Nach dem Herausziehen eines Verbindungsbolzens lässt sich das Gehäuse vom Griffstück abnehmen. Die Firma Walther gab eine Gebrauchsanleitung im ungewöhnlich großen Format DinA4 heraus.

Die MPl und MPk von Walther im Vergleich. Letztere ist knappe 9 cm kürzer. Technisch unterscheiden sie sich nicht.

Soldaten der portugisischen Marine mit Walther MPk.

Deutsche Polizisten in Zivilkleidung während der Geiselnahme bei den Olympischen Spielen 1972 in München. Beide führen die Walther MPI.

von Lauf und Gehäuse. Mit eingeklappter Schulterstütze war die Kurzausführung knappe 9 cm kürzer. In der Anfangsphase wurden die Waffen noch bei Manurhin (Manufacture de Machines du Haut-Rhin) in Mülhausen im Elsass gebaut, bis in Ulm die nötigen Fertigungsanlagen eingerichtet waren.
Beim Schießen erweisen sich beide Ausführungen als sehr präzise, wozu auch die niedrige Feuerrate von 550 Schuss/min beiträgt. Im Frühjahr 1960 wurde die MPl bei der Bundewehr in Meppen erprobt und erhielt gute Bewertungen. Hinsichtlich Brauchbarkeit schlug sie sogar den Favoriten DUX. Die Prüfungskommission empfahl abschließend die Aufnahme von 20 leicht verbesserten Modellen in einen Truppenversuch. Doch an der bereits zugunsten der Uzi gefallenen Entscheidung änderte das nichts mehr. Nach dieser Schlappe versuchte Walther sein Glück beim Bundesgrenzschutz und der Polizei und hatte damit auch mehr Erfolg. Trotz der Konkurrenz in Form der Heckler & Koch MP 5 führten zahlreiche Polizeien die Walther-MP ein. Auch international gelangen einige Exporterfolge, vor allem nach Südamerika. Auch die Amerikaner bestellten bei Walther. Die Navy Seals verwendeten sie in Vietnam und die Delta Forces setzten sie unter anderem 1980 bei der Operation Eagle Claw ein, der fehlgeschlagenen Geiselbefreiung in der US-Botschaft in Teheran. Wegen der geringen Zukunftsperspektiven in diesem stark umkämpften Geschäftsbereich blieb dieses Modell die einzige Maschinenpistole aus dem Hause Walther. Insgesamt wurden etwa 27.000 Stück der Modelle MPl und MPk hergestellt.

Der Lauf wird nur durch eine Überwurfmutter im Gehäuse gehalten.

Nach Lösen einer Sperre lässt sich das Gehäuse nach vorne kippen, um den L-förmigen Verschluss zu entnehmen.

Technische Daten:		
Walther	MPl	MPk
Produktionszeit	1963–1987	
Kaliber	9 x 19 mm	
Länge (Schulterstütze ausgeklappt)	746 mm	659 mm
Länge (Schulterstütze eingeklappt)	460 mm	373 mm
Lauflänge	260 mm	173 mm
Gewicht (ungeladen)	3,0 kg	2,8 kg
Magazinkapazität	32 Patronen	32 Patronen
Feuerarten	Einzelfeuer, Dauerfeuer	Einzelfeuer, Dauerfeuer
Feuerrate	550 Schuss/min	550 Schuss/min

Heckler & Koch MP 5

Die Erfolgsgeschichte der wohl bekanntesten deutschen Nachkriegs-MP begann 1949 in Spanien. Im Jahr zuvor war dort das Centro de Estudios Técnicos de Materiales Especiales, kurz CETME, auf Weisung des Ministeriums zur Entwicklung von Rüstungsgütern gegründet worden. Die Spanier wollten damit deutsche Handwaffenspezialisten anlocken und deren Wissen für den Bau eines neuen automatischen Gewehrs für die eigenen Streitkräfte nutzen. Zu den von Spanien Angeworbenen gehörte auch Ludwig Vorgrimmler, der bei Mauser an der Entwicklung des Sturmgewehrs »Gerät 06H« mit Rollenverschluss beteiligt war. Auf Basis dieses Wissens entstand nun das CETME-Sturmgewehr, welches wiederum von der Bundeswehr als zukünftige Standardwaffe G 3 eingeführt wurde. Die Fertigung übernahmen Rheinmetall und Heckler & Koch (HK). Damit kehrte die Konstruktion an ihren gedanklichen Geburtsort Oberndorf am Neckar zurück, wo neben Mauser auch HK seinen Sitz hat.

Die Arbeiten an einer MP-Variante begannen bei HK bereits 1964. Der Ansatz war ein geschrumpftes Sturmgewehr im Pistolenkaliber. In den Baugruppen und im Fertigungsverfahren entspricht die MP 5 vollkommen dem G 3. Der aufwändige Rollenverschluss wäre nicht unbedingt notwendig gewesen, aber er hat großen Anteil an der hervorragenden Präzision der Waffe schon beim ersten Schuss. So setzt die Polizei die MP 5 auch mit Zielfernrohr als Präzisionswaffe im Nahbereich auf 50–60 Meter ein.

Schon bald nach dem Basisentwurf entstand eine komplette Waffenfamilie. So beispielsweise die A1 ohne Kolben für den Einsatz in Fahrzeugblenden, die A2 mit Festschaft oder die A3 mit einschiebbarer Schulterstütze. Die Standardausführung schießt Einzel- und Dauerfeuer. Ab 1982 kam noch eine Ausführung mit Dreier-Feuerstoß-Abzugsgruppe hinzu.

Viele moderne Maschinenpistolen können nachträglich mit einem Schalldämpfer ausgerüstet wer-

Werksschnittmodell einer MP 5 von Heckler & Koch für Ausbildungszwecke. Der Rollenverschluss basiert auf dem des Sturmgewehrs G 3.

Heckler & Koch bietet eine breite Palette an Variationen der MP 5 an. Hier beispielsweise mit 40-mm-Granatwerfer und Griffstück mit Auswahlmöglichkeit für Dreier-Feuerstoß.

MP 5 mit Einschub-Schulterstütze und unter dem Lauf montierter Taschenlampe.

Unter dem Schalldämpfer der MP 5 SD verbirgt sich ein stark gekürzter Lauf mit 30 symmetrisch angeordneten Durchbohrungen.

Links: Ein U.S. Army Ranger mit einer schallgedämpften MP 5 SD im scharfen Schuss. Der Feuerwahlhebel steht auf F (= Feuerstoß).

Links Mitte: Ein SWAT-Team beim Üben mit MP 5 SD.

Links unten: Vergoldete Waffen sind im Orient beliebt: hier eine MP 5 mit Schalldämpfer als Fundstück in Bagdad. Im Koffer dahinter ist noch eine MP 5 k verborgen.

Unten: Die britische Polizei nutzt die MP 5 unter anderem mit unter dem Lauf montierter Taschenlampe.

Im Jahre 2013 stellte H&K die MP5 MLI (Midlife Improvement) vor. Sie besitzt eine längenverstellbare Schulterstütze, einen Handschutz mit Picatinny-Schienen und weitere Verbesserungen. [Foto: Heckler & Koch]

den. Heckler & Koch dagegen beschritt einen anderen Weg: Mit der MP 5 SD entstand eine Waffe mit integriertem Schalldämpfer. Der erheblich verkürzte Lauf weist 30 symmetrisch angeordnete Durchbohrungen auf und ist in einem zylindrischen Rohr mit zwei Kammern gelagert. Dieser Aufbau rührte von der ursprünglichen Forderung her, normale Standard-Überschallmunition zu verschießen. Die Waffe kann auch in Gebäuden problemlos ohne Gehörschutz benutzt werden. Weiterhin unterdrückt der Schalldämpfer auch das Mündungsfeuer, sodass hier Vorteile bei Nachteinsätzen und der Benutzung von Nachtsichtgeräten gegeben sind. Heute gibt es aber auch für die normale MP 5 ansteckbare Schalldämpfer mit derselben Dämpfungsleistung.

Die MP 5 ist nicht nur in Deutschland beliebt. Für Heckler & Koch entwickelte sie sich zum Exportschlager. Mit dem modularen Aufbau bietet die Waffe ausreichend Flexibilität bei Sonderwünschen der Kunden. Viele Personenschützer, Wachdienste und Antiterroreinheiten führen heute Varianten der MP 5. Beliebt ist vor allem die nur 32 cm lange Kurzversion MP 5 k, wahlweise mit Klappschaft und vorderem Handgriff.

Technische Daten:		
Heckler & Koch	MP 5	MP 5 SD
Kaliber	9 x 19 mm	9 x 19 mm
Länge (Festschaft)	680 mm (A2)	790 mm (SD2)
Länge (Schaft ausgezogen)	700 mm (A3)	805 mm (SD3)
Länge (Schaft eingeschoben)	550 mm (A3)	670 mm (SD3)
Lauflänge	225 mm	146 mm
Gewicht (ungeladen)	2,54 kg (A2)	3,1 kg (SD2)
Gewicht (ungeladen)	3,08 kg (A3)	3,6 kg (SD3)
Magazinkapazität	30 Patronen	30 Patronen
Feuerrate	800 Schuss/min	800 Schuss/min

Heckler & Koch MP 7

Mit der belgischen P90 von FN erschien 1991 eine neue Waffengattung auf dem Markt. Die sogenannten PDWs (Personal Defence Weapons) erwiesen sich als ideale Verteidigungswaffe für Nicht-Kampfgruppen. Die FN-Patrone im Kaliber 5,7 x 28 mm durchdrang alle seinerzeitigen Schutzwesten. Heckler & Koch musste also mitziehen und brachte nach einiger Entwicklungszeit 1999 eine eigene PDW auf den Markt. Passend dazu entwickelte HK in Zusammenarbeit mit der britischen Munitionsfirma Radway Green eine 6,1 g leichte Flaschenhalspatrone im Kaliber 4,6 x 30 mm mit kupferverkleidetem, gehärtetem Stahlgeschoss. Durch die Geometrie des Geschosses mit hinten liegendem Schwerpunkt überschlägt es sich beim Durchqueren von Weichzielen und hinterlässt so einen Wundkanal, der größer ist als sein eigentlicher Durchmesser. Dadurch ist eine gute Mannstoppwirkung gewährleistet bei gleichzeitig geringer Gefährdung von Objekten im Hintergrund.

Die MP 7 ist äußerst kompakt gebaut, gering im Gewicht, auf engstem Raum einsetzbar und dank des kleinen Kalibers fast rückstoßfrei im Feuerstoß. Sie kann permanent am Mann getragen werden, ohne ihn zu behindern. Laut Heckler & Koch »präsentiert die MP7 eine neue Generation von leistungsgesteigerten Maschinenpistolen und schließt die Lücke zwischen Sturmgewehr und konventioneller Maschinenpistole. Als echte persönliche Verteidigungswaffe entwickelt, übertrifft sie das von der NATO aufgestellte Anforderungsprofil bei weitem.« Mit ihrer Hochleistungspatrone durchschlägt sie den CRISAT-Schutz (EU-NATO-Standard), bestehend aus 1,6 mm Titan und 20 Lagen Kevlar, noch auf 200 Meter. Die Präzision liegt ab Werk bei fünf Zentimetern für die 10-Schuss-Gruppe auf 50 Meter, und der kaltgehämmerte und innen hartverchromte Lauf büßt davon auch nach 15.000 Schuss nur wenig ein.

Die Feuerrate der MP 7 liegt bei etwa 950 Schuss pro Minute. Die gute Balance und der geringe Rückstoß erlauben ein problemloses einhändiges Schießen. Der an der Waffe hinten zentral angebrachte Spannhebel und die beidseitig angebrachten Bedienelemente ermöglichen auch Linkshändern die Bedienung. Um mehr Zubehör anbringen zu können, verpasste HK der Waffe als Version A2 einen neuen Handschutz mit drei Picatinny-Schienen (MIL-STD-1913). Mit Nachtsichtoptik und Schalldämpfer verfügt die MP 7 A2 sogar über volle Nachtkampfqualität. Die Waffe besitzt statt einer Endkappe eine ausziehbare Schulterstütze.

Die MP 7 ist Teil des Programms »Infanterist der Zukunft« und wurde in allen Teilstreitkräften und Spezialeinheiten der Bundeswehr eingeführt. Des Weiteren findet sie Verwendung bei der Polizei, der GSG 9 und der Bundespolizei. Auch im Ausland wird die MP 7 gerne eingesetzt, so etwa bei der United States Naval Special Warfare Development Group, einer Spezialeinheit der US Navy für Terrorismusbekämpfung, oder auch bei den norwegischen Streitkräften, die 6.500 Stück davon kauften.

Das U.S. Marine Corps verwendet die Heckler & Koch MP 7 unter anderem mit Schalldämpfern von Brügger & Thomet aus der Schweiz.

Technische Daten:	
Heckler & Koch	MP 7
Produktionszeit	ab 1999
Kaliber	4,6 x 30 mm
Länge (Schaft eingeschoben)	415 mm
Länge (Schaft ausgezogen)	638 mm
Lauflänge	180 mm
Gewicht (ungeladen)	1,9 kg
Magazinkapazität	20, 30 und 40 Patronen
Feuerarten	Einzelfeuer, Dauerfeuer
Feuerrate	950 Schuss/min

Österreich

Steyr MP 69 und MP 81

Im Laufe des Zweiten Weltkriegs war auch Österreichs Rüstungsindustrie größtenteils zerstört worden. Die nach dem Krieg aufgestellten bewaffneten Einheiten der Bundesgendarmerie konnten jedoch problemlos mit einer Vielzahl an Weltkriegswaffen aus deutscher und ausländischer Produktion ausgerüstet werden. Am 1. August 1952 kam es dann zur Aufstellung der B-Gendarmerie als direktem Vorläufer des österreichischen Bundesheers. In den Folgejahren begann auch im Land selbst wieder die Entwicklung von Waffen und Militärgerät aller Art.

Mit dabei war auch die traditionsreiche Firma Steyr Daimler Puch. Ab den späten 60er-Jahren arbeitete man dort unter besonderer Berücksichtigung von Fertigungskosten und Funktionssicherheit auch an einer neuen Maschinenpistole. Heraus kam die MP 69 als zuschießender, unverriegelter Rückstoßlader mit Masseverschluss. Ihre Serienfertigung begann 1971.

Die Kampfschwimmer des Österreichischen Bundesheers schätzen die MP 69 wegen ihrer robusten Bauweise.

Die MP 69 besitzt eine robuste Klappkimme für 100 und 200 Meter.

Der Lauf der MP 69 wird mit einer Überwurfmutter im Gehäuse gehalten. Der sichtbare ,Knopf' neben dem Visier entsperrt die Mutter, so dass sie abgeschraubt werden kann.

Das Gehäuse besteht aus einem Stahlpressling, der seinerseits mitsamt Pistolengriff in einer Spritzgussumhüllung aus Kunststoff gelagert ist. Der Verschluss umschließt den Lauf mit seiner vorderen Hälfte, sodass ein großer Teil seiner Masse vor dem Stoßboden angeordnet ist. Dies spart Gehäuselänge, zudem liegt die Waffe bei Feuerstößen ruhiger in der Hand. Über einen Druckknopf lässt sich zwischen Sicher, Einzel- und Dauerfeuer umschalten. Interessant ist die Spannvorrichtung: Der

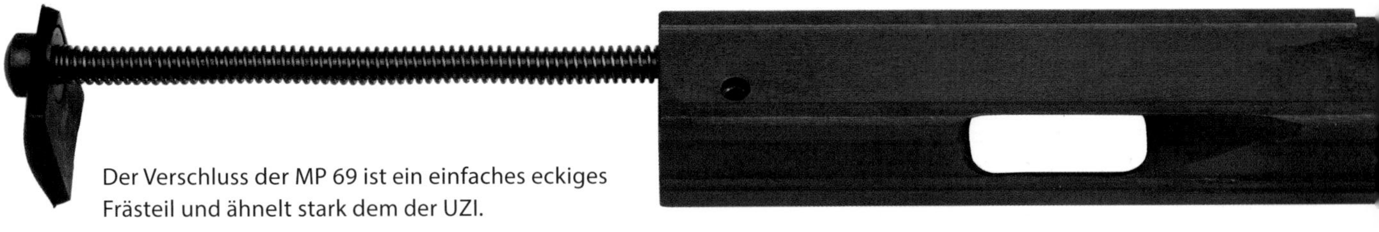

Der Verschluss der MP 69 ist ein einfaches eckiges Frästeil und ähnelt stark dem der UZI.

Das Zielfernrohr der MP 81 mit 1,5-facher Vergrößerung war nicht zum Abnehmen gedacht und blieb ständig auf der Waffe montiert. Der Schütze kann bei Bedarf über Kimme und Korn durch die Ausschnitte in den beiden Zielfernrohr-Halterungen hindurchzielen.

Mit dieser Laufverlängerung kann die MP 81 in speziellen Fahrzeughalterungen befestigt werden.

Trageriemen ist am Verschluss befestigt, und zum Spannen wird einfach der Trageriemen nach hinten gezogen.
Die MP 69 wurde unter anderem mit dem ebenfalls bei Steyr Daimler Puch gebauten Jagdpanzer Kürassier als Bordbewaffnung ausgeliefert. Auch das Jagdkommando des Bundesheeres führte die MP ein. Sie galt als sehr handhabungssicher und wurde dank ihrer Präzision schnell beliebt.
Durch einige Verbesserungen und Änderungen entstand die MP 81. Sie verfügte wieder über einen konventionellen Spanngriff auf der linken Seite. Zudem war ein Zielfernrohr mit 1,5-facher Vergrößerung montiert. Mittels einer auf den Lauf aufsteckbaren Verlängerungshülse konnte die Waffe zum Schießen aus Luken in gepanzerten Fahrzeugen verwendet werden.
Exporte der beiden MP-Modelle hielten sich in Grenzen. Geringe Stückzahlen gingen an Argentinien, Griechenland und Saudi-Arabien. Im Jahre 1990 endete die Fertigung.

Die MP 69 ist relativ glatt gehalten, es gibt nur wenige hervorstehende Knöpfe oder Schrauben. Zum Spannen wird am Trageriemen gezogen, der vorne am Verschluss befestigt ist.

Die MP 81 erhielt wieder einen konventionellen Spanngriff sowie ein Zielfernrohr (1,5-fache Vergrößerung) und eine Verlängerungshülse am Lauf zum Schießen aus Fahrzeugluken.

Technische Daten:	
Steyr Daimler Puch	MP 69 und MP 81
Produktionszeit	1971–1990
Kaliber	9 x 19 mm
Länge (Schulterstütze ausgezogen)	670 mm
Länge (Schulterstütze eingeschoben)	465 mm
Lauflänge	260 mm
Gewicht (ungeladen)	3,13 kg
Magazinkapazität	25 und 32 Patronen
Feuerarten	Einzelfeuer, Dauerfeuer
Feuerrate MP 69	550 Schuss/min
Feuerrate MP 81	700 Schuss/min

Steyr TMP

Zwei Jahre nach Produktionsende der MP 81 begann bei Steyr die Fertigung einer neuen Maschinenpistole. Chefingenieur Friedrich Aigner hatte eine Kleinst-MP entworfen, die nun im Jahre 1992 unter der Bezeichnung »Tactical Machine Pistol« oder kurz »TMP« auf den Markt kam. Zielgruppen sollten Behörden und Spezialkräfte sein.
Die komplette Waffe besteht nur aus 41 Teilen, davon die meisten aus Kunststoff. Nur Lauf, Verschluss und einige Kleinteile sind aus Metall gefertigt. Eine Besonderheit ist ihr Verschlusssystem: Beim Abschuss bewegen sich Lauf und Verschluss zusammen nach hinten, dann tritt ein Steuerbolzen in die Steuerkurve und zwingt den Lauf zu einer axialen Drehung um 45° im Uhrzeigersinn, wodurch die Verriegelung mit dem Verschluss gelöst wird. Diese Maßnahme dient der Reduzierung des Rückstoßes und sorgt somit für eine bessere Präzision bei Feuerstößen aus dieser doch sehr leichten Waffe. Eine Schulterstütze ist nicht vorhanden, aber dafür vor dem Abzugsbügel ein zusätzlicher Griff für die zweite Hand. Je nach Druckintensität auf den Abzug kann der Schütze Einzel- oder Dauerfeuer schießen.

Die Steyr TMP (Tactical Machine Pistol) kam 1992 auf den Markt. Sie war nur 28 cm lang und bestand aus 41 Einzelteilen.

In Österreich findet die TMP unter anderem Verwendung beim Einsatzkommando Cobra, einer Sondereinheit der Polizei. Zeitgleich wurde sie auf dem zivilen Markt in einer halbautomatischen Version ohne vorderen Griff als Steyr SPP (Special Purpose Pistol) vertrieben. Die Gehäuseform unterscheidet sich nur geringfügig, und die Magazine sind austauschbar.

Das Schweizer Rüstungsunternehmen Brügger & Thomet fertigte ab 1992 in Lizenz eine verbesserte Version der TMP unter der Bezeichnung B&T MP9. Nach Produktionsende bei Steyr im Jahre 2001 erwarb B&T alle Patente und Rechte an der TMP und fertigt die Waffe seitdem alleine. Gegenüber dem Original von Steyr besitzt die B&T MP9 eine zusätzliche Abzugssicherung, eine Picatinny-Schiene auf dem Gehäuse und eine nach rechts anklappbare Schulterstütze. Außer bei der Schweizer Polizei fand die MP9 auch Verbreitung bei zahlreichen ausländischen Polizeieinheiten. So orderte beispielsweise neben Indonesien, Thailand und Frankreich auch die indische Polizei über 1.500 Stück. Die Niederländer verwenden noch heute die MP9 bei ihrer Luftwaffe, und selbst Russland kaufte Waffen für die Antiterrorgruppe »Spetsgruppa A« seines Inlandsgeheimdienstes FSB.

Brügger & Thomet fertigte eine überarbeitete TMP unter der Bezeichnung B&T MP9. Zuerst in Lizenz und dann ab 2001 alleine, nachdem Steyr die Fertigung eingestellt hatte.

Technische Daten:	
Steyr Daimler Puch	TMP
Produktionszeit	1992–2001
Kaliber	9 x 19 mm
Länge	282 mm
Lauflänge	130 mm
Gewicht (ungeladen)	1,3 kg
Magazinkapazität	15, 20 und 30 Patronen
Feuerarten	Einzelfeuer, Dauerfeuer
Feuerrate	800–900 Schuss/min
Visier	Feste Standkimme

Italien

Beretta M12

Nach dem Zweiten Weltkrieg ließ Italien zunächst die Produktion seiner kriegserprobten Beretta-MP weiterlaufen. Durch geringfügige Veränderungen entstand aus der M.38/44 die M.38/49. Beretta begann daraufhin die Modellnummerierung wieder bei 1. Die nun folgenden Modelle bis Nummer 5 blieben im Grunde immer noch die gleiche Weltkriegs-Beretta ohne herausragende technische Neuerungen.
Die Modelle 1 und 2 erhielten einen Pistolengriff und einen Unterklappschaft fast baugleich zu dem der deutschen MP 40. Durch eine trichterförmige Aufweitung des verlängerten Magazinschachts ließen sich die Magazine leichter und schneller einführen. Das Modell 3 sah ähnlich aus, aber die Schulterstütze bestand nun aus stabilem Draht und ließ sich seitlich am Gehäuse vorbei einschieben. Das Modell 4 wiederum besaß ganz konventionell den Holzschaft, war aber dafür mit einer zusätzlichen Druckknopfsicherung ausgestattet. Diese saß seitlich im Schaft etwas oberhalb vor dem Abzug.
Nach dem Tod von Berettas Chefingenieur Tullio Marengoni übernahm sein Nachfolger Domenico Salza die Arbeiten an den Maschinenpistolen. Er konstruierte das Modell 5 mit seiner auffälligen Griffsicherung. Ein großer länglicher Druckknopf war seitlich in der Fingerrille des Schaftes eingesetzt und musste während des Schießens gedrückt bleiben. Dieses Modell fand Verwendung bei Militär und Polizei, bevor es 1961 allmählich durch die Beretta M12 ersetzt wurde.
Mit der M12 konnte sich Beretta endgültig vom Weltkriegs-Modell lösen. Die neue Waffe bestand größtenteils aus geformtem Blech statt aus aufwendig gefertigten Frästeilen. Der Verschluss umschließt den Lauf über drei Viertel seiner Länge. Dadurch verlagert sich beim Schießen der Schwerpunkt der Waffe nur wenig, und die Konstruktion kann insgesamt recht kurz gehalten werden. Am vorderen Gehäuseende ist ein Griff für beidhändiges Schießen angebracht. Für Langlebigkeit sorgt ein innen verchromter Lauf und eine Epoxidharzbeschichtung auf dem Gehäuse anstelle einer gewöhnlichen Brünierung.

Frühe Nachkriegs-Beretta, wie sie beim deutschen Bundesgrenzschutz Verwendung fand. Die beiden Abzüge sind mit E (Einzelfeuer) und D (Dauerfeuer) beschriftet. Der Druckknopf im Schaft ist die Sicherung.

Die Beretta Modell 5 erhielt eine auffällige Griffsicherung in Form eines länglichen Druckknopfs seitlich in der Fingerrille des Schafts.

Ein Angehöriger des BGS führt ein Magazin in seine »MP 1« ein.

Skipatrouille des BGS mit MP 1 (Beretta) und Sturmgewehren FAL G1

Das Modell 1 besitzt einen Pistolengriff und einen Unterklappschaft ähnlich dem der deutschen MP 40. Zum einfacheren Einführen des Magazins ist der Magazinschacht trichterförmig aufgeweitet.

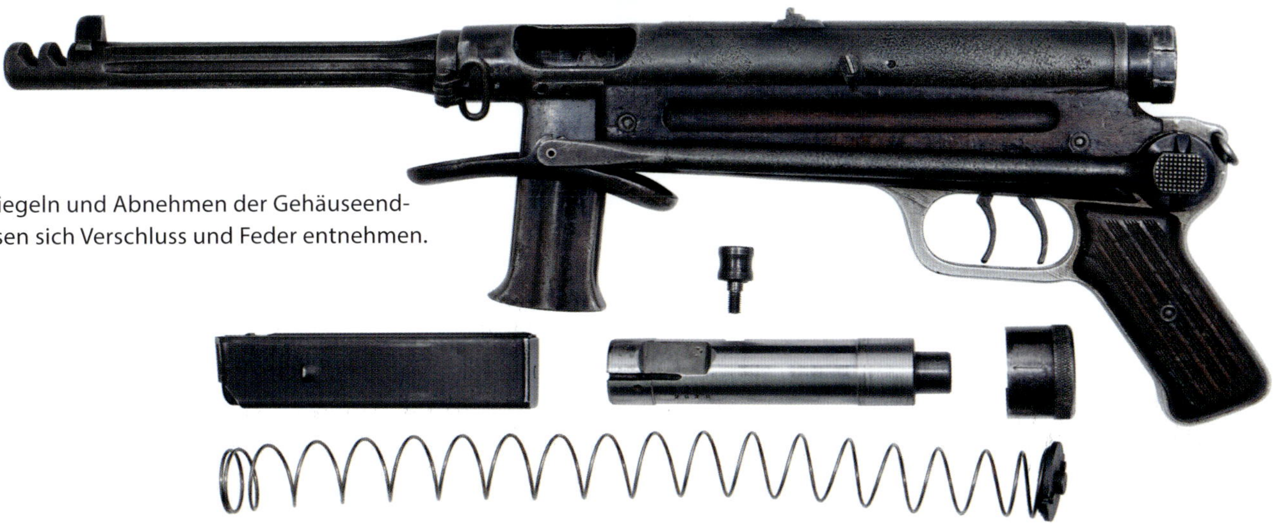

Nach Entriegeln und Abnehmen der Gehäuseendkappe lassen sich Verschluss und Feder entnehmen.

Mit der M12 brachte Beretta 1960 eine moderne Maschinenpistole auf den Markt. Die Waffe besteht nur aus 84 Einzelteilen, davon viele aus geformtem Blech.

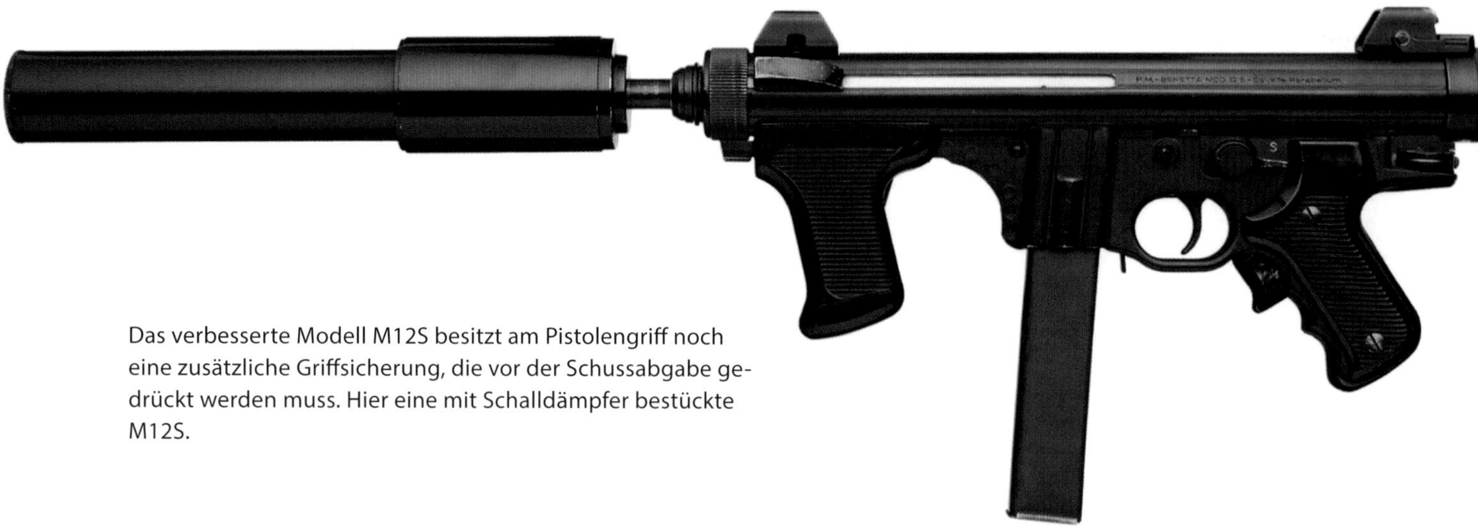

Das verbesserte Modell M12S besitzt am Pistolengriff noch eine zusätzliche Griffsicherung, die vor der Schussabgabe gedrückt werden muss. Hier eine mit Schalldämpfer bestückte M12S.

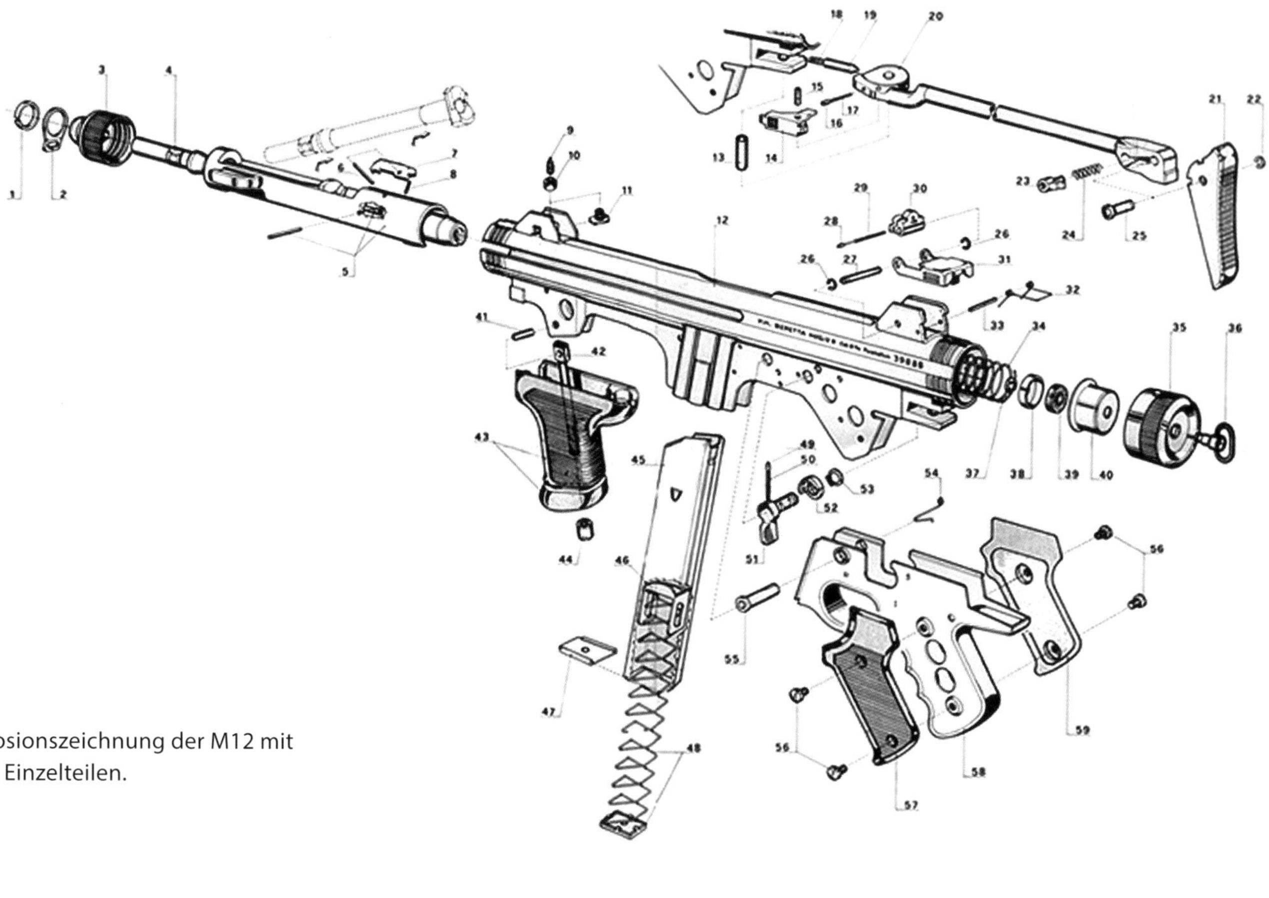

Explosionszeichnung der M12 mit allen Einzelteilen.

Interessanterweise hielt sich der Verkaufserfolg in Italien in Grenzen. Weitaus begehrter war die Waffe im Ausland. Ihren ersten Kampfeinsatz sah sie bei der Verteidigung der amerikanischen Botschaft in Saigon während der Tet-Offensive 1968. Zehn Jahre später brachte Beretta das Modell M12S mit zusätzlicher Griffsicherung auf den Markt. Die Waffe bestand nur noch aus 84 Einzelteilen, war leichter zu zerlegen und mit einem Schalldämpfer bestückbar. Nach einem Schießunfall forderte die italienische Polizei nochmals eine Überarbeitung der Sicherung. Dieses Modell wird als PM12-S2 heute noch gefertigt.

Frankreichs Polizei und Gendarmerie waren Großabnehmer der Beretta M12 und verwenden sie noch heute. Der Trageriemen wird oft nur an der Gehäuseendkappe befestigt.

Technische Daten Beretta M 12:	
Fabbrica d'Armi Pietro Beretta	M 12
Produktionszeit	ab 1959
Kaliber	9 x 19 mm
Länge (Schaft eingeklappt)	418 mm
Länge (Schaft ausgeklappt)	645 mm
Lauflänge	200 mm
Gewicht (ungeladen)	3,2 kg
Magazinkapazität	20, 32 und 40 Patronen
Feuerarten	Einzelfeuer, Dauerfeuer
Feuerrate	550 Schuss/min
Visier	Klappkimmen 100 und 200 Meter

Franchi LF 57

Mitte der 50er-Jahre kam mit der LF 57 eine Konkurrenz für Beretta auf den Markt. Der 1868 in Brescia gegründete Waffenhersteller Franchi wagte sich mit dieser Waffe auf ein völlig neues Gebiet, denn bis dato fertigte das Unternehmen hauptsächlich Jagdwaffen. Aber der Behördenmarkt schien lukrativ zu sein, und so entwickelte der Firmeninhaber Luigi Franchi eine neuartige Maschinenpistole nach seinen Vorstellungen. Er legte dabei großen Wert auf eine einfache Konstruktion und kostengünstige Fertigung.

Bereits im Frühjahr 1957 konnten die ersten Exemplare vorgestellt werden. Die Waffe war größtenteils aus geformtem Blech gefertigt. Selbst Griffschalen sucht man vergebens, denn der Griff ist gleich mit der jeweiligen Gehäusehälfte aus einem einzigen Stück Blech gepresst. Auch die Laufbefestigung beschränkt sich auf eine an der Mündung aufgeschraubte Mutter. Sie sichert den Lauf im Gehäuse. Im Gegensatz zu manch anderen kurzen Maschinenpistolen dieser Zeit umschließt der Verschluss nicht den Lauf. Stattdessen ist er wie ein liegendes L geformt, und seine größte Masse liegt über dem Lauf. Das Gehäuse ist auch dementsprechend schmal, aber dafür hoch. Auf den ersten Blick wirkt die Waffe deshalb wie ein Gasdrucklader.
Die LF 57 besitzt keine manuelle Sicherung. Dafür ist im Griffstück eine Drucksicherung integriert, die den Verschluss blockiert. Erst wenn die Hand

Mit der Maschinenpistole LF 57 versuchte der Waffenhersteller Franchi, auch in diesem Marktsegment Fuß zu fassen. Im Griffstück ist eine Drucksicherung integriert, die den Verschluss erst freigibt, wenn die Hand den Griff umschließt.

Der größtenteils über dem Lauf gelagerte Verschluss macht die Waffe schlank. Die Abbildung aus dem Franchi-Werbeprospekt zeigt das Einführen des Magazins.

Die Gehäuseendkappe mitsamt Schulterstütze lässt sich nach unten abziehen. Nun können Feder und Verschluss entnommen werden.

Die LF 57 in ihre wenigen Einzelteile zerlegt. Gut zu erkennen der Verschluss in Form eines liegenden L.

den Griff umschließt und die Sicherung eindrückt, wird die Sperre aufgehoben. Über einen Druckknopf über dem Griff lässt sich zwischen Einzel- und Dauerfeuer umschalten.
Kommerziell war die LF 57 kein Erfolg, und sie blieb auch die einzige Maschinenpistole von Franchi. Als einzigen Großauftrag konnte die Firma 1962 eine Ausschreibung der italienischen Marine für sich entscheiden. Kleinere Stückzahlen gingen in den Kongo, nach Nigeria und Rhodesien (heute Simbabwe). Bis 1987 wurde die Firma Franchi S.p.A. als Familienunternehmen geführt. Einst in Konkurrenz zu Beretta, gehört die Firma seit 1993 zur Beretta-Holding.

Die lange Führungsstange der Schließfeder wird vorne in einem Gegenlager durch Drehung verriegelt.

Der Spanngriff ist nur seitlich eingesteckt und kann zum Reinigen leicht entnommen werden.

Blick durch die Hülsenauswurföffnung auf die oberste Patrone im Magazin. Der vorschnellende Verschluss schiebt sie ins Patronenlager und zündet dann das Zündhütchen.

Die LF 57 fand ihren Weg in so manche Krisenherde der Welt.

Technische Daten:	
Luigi Franchi S.p.A.	LF 57
Produktionszeit	ab 1956
Kaliber	9 x 19 mm
Länge (Schaft eingeklappt)	419 mm
Länge (Schaft ausgeklappt)	686 mm
Lauflänge	203 mm
Gewicht (ungeladen)	3,17 kg
Magazinkapazität	30 Patronen
Feuerarten	Einzelfeuer, Dauerfeuer
Feuerrate	500 Schuss/min
Visier	Feste Kimme für 50 Meter

Tschechien

Samopal vz. 48 (Sa 23 bis 26)

In der Tschechoslowakei wurde nach dem Zweiten Weltkrieg unverzüglich mit der Entwicklung moderner Waffen für die eigenen Streitkräfte begonnen. Bereits 1947 konnte der bekannte Rüstungsbetrieb Česká Zbrojovka (CZ) in Strakonice erste Prototypen einer neuen Maschinenpistole vorstellen. Die Waffe war als zuschießender Rückstoßlader im Kaliber 9 x 19 mm ausgelegt, mit 44 cm ziemlich kurz und im Schuss sehr gut ausbalanciert. Erreicht wurde dies durch eine für damalige Zeit sehr ungewöhnliche Konstruktion, die sich der Chefingenieur Jaroslav Holeček ausgedacht hatte: Der Masseverschluss befindet sich nicht hinter dem Lauf wie bei konventionellen Modellen, sondern umschließt ihn. Somit bewegt sich das Gewicht des Verschlusses näher am Zentrum der Waffe, und es gibt weniger Gewichtsverlagerung beim Schießen. Auch der senkrechte Pistolengriff wurde näher an der Mitte platziert. Er dient gleichzeitig als Magazinschacht für die Stangenmagazine.

Ein Wahlhebel zum Einstellen der Feuerart wurde eingespart. Stattdessen konnte mit der Stärke des Drucks, mit dem der Abzug betätigt wurde, zwischen Einzel- und Dauerfeuer gewechselt werden. In die rechte Seite des Kunststoff-Vorderschafts wurde eine Metallschiene als praktische Magazinladevorrichtung integriert, um die auf Ladestreifen ausgelieferten Patronen leicht ins Magazin schieben zu können.

Nach dem Jahr ihrer Einführung erhielt die neue Waffe die Bezeichnung »Samopal vzor 48« (Maschinenpistole Modell 1948). Mit Aufnahme der Tschechoslowakei in den Warschauer Pakt im Jahre 1955 musste auch die Bewaffnung des Landes an einheitliche Kaliber angepasst werden. In weiser Voraussicht hatten die Tschechen schon vor der Mitgliedschaft eine Umkonstruktion auf das in der

Die nach dem Krieg entwickelten tschechischen MPs waren Ideengeber für so manche Konstruktion im Westen. Hier die Sa 25 im Kaliber 9 x 19 mm, leicht zu erkennen am geraden Griffstück.

Die 7,62-mm-Ausführung Sa 24 mit Holzschaft entstand auf Druck der Sowjetunion zur Vereinheitlichung der Kaliber im Warschauer Pakt.

Sowjetunion für Pistolen und Maschinenpistolen dominierende Kaliber 7,62 x 25 mm Tokarev vorgenommen. Die Waffenbezeichnungen erhielten einen Zusatz für das Konstruktionsjahr 1952. Die 9-mm-Varianten sind leicht erkennbar am senkrechten Pistolengriff, während er bei den 7,62-mm-Varianten leicht schräg nach vorne angewinkelt ist. Somit entstanden im Laufe der Zeit vier Hauptvarianten:

Sa 23 (vz. 48a): Kaliber 9 x 19 mm, Holzkolben
Sa 25 (vz. 48b): Kaliber 9 x 19 mm, Klappschaft aus Metall
Sa 24 (vz. 48a/52): Kaliber 7,62 x 25 mm, Holzkolben
Sa 26 (vz. 48b/52): Kaliber 7,62 x 25 mm, Klappschaft aus Metall

Die tschechischen Maschinenpistolen wurden in großen Stückzahlen in kommunistisch geprägte Länder vor allem im afrikanischen Raum exportiert.

Technische Daten:				
Česká Zbrojovka (CZ)	Sa 23	Sa 25	Sa 24	Sa 26
Produktionszeit	1948–1968		1952–1968	
Kaliber	9 x 19 mm		7,62 x 25 mm	
Länge	445 mm	–	445 mm	–
Länge (Schaft eingeklappt)	–	445 mm	–	445 mm
Länge (Schaft ausgeklappt)	–	686 mm	–	686 mm
Lauflänge	284 mm			
Gewicht (ungeladen)	3,50 kg	3,27 kg	3,50 kg	3,27 kg
Magazinkapazität	24 und 40 Patronen		32 Patronen	
Feuerarten	Einzelfeuer, Dauerfeuer			
Feuerrate	600 Schuss/min			

Samopal vz. 61 »Škorpion«

Obwohl die Tschechoslowakei mit den Maschinenpistolen der Modellreihe Sa 23 bis 26 bereits über recht kompakte Waffen verfügte, begann noch Ende der 50er-Jahre die Entwicklung einer sehr kleinen Maschinenpistole für Sicherheitskräfte und Spezialeinheiten. Sie sollte verdeckt getragen werden können ohne aufzufallen und auf kurze Entfernungen eine hohe Feuerkraft bieten. Das Ergebnis dieser Arbeiten unter Leitung von Miroslav Rybář war die »Samopal vzor 61« (Maschinenpistole Modell 1961). Weltweite Bekanntheit erlangte sie aber unter der Bezeichnung »Škorpion«. Neben der ursprünglichen Zielgruppe interessierte sich nun auch die Armee für diese Waffe und führte sie für Fahrzeugbesatzungen und als Selbstverteidigungswaffe für höhere Ränge ein. Ihre Serienfertigung begann 1961 und endete erst 1979 nach über 200.000 hergestellten Exemplaren. Jugoslawien fertigte die MP in Lizenz als M84.
Technisch ist die Waffe ein aufschießender Rückstoßlader mit feststehendem Lauf und unverriegeltem Masseverschluss. Der Verschluss wird am Ende seines Rücklaufes durch einen Verzögerungsmechanismus kurzzeitig zurückgehalten. Dadurch reduzieren sich Feuergeschwindigkeit, Munitionsverbrauch und Rückstoß. Dank dieser Stabilisierung verfügt die Škorpion über eine hohe Treffgenauigkeit bei kurzen Feuerstößen.

Die kleine Škorpion ist auf beiden Seiten des Gesetzes beliebt. Mit nur 27 cm Länge und einem Einsatzgewicht von 1,5 kg lässt sie sich leicht verstecken und bietet bei Bedarf eine beachtenswerte Feuerkraft.

Für Fallschirmjäger war die kompakte und feuerstarke Maschinenpistole eine ideale Waffe. Optional gab es auch Schalldämpfer dafür.

CSA

Sa vz. 61 Pistol

cal. 7.65 mm Br.
cal. 9 mm Br.
cal. 9 mm Makarov
cal. 22 LR

Instructions Manual

WARNING!
READ THE INSTRUCTIONS IN THIS MANUAL BEFORE USING THIS FIREARM.

Handbuch von Czech Small Arms (CSA) für die Sa vz. 61 in verschiedenen Kalibern.

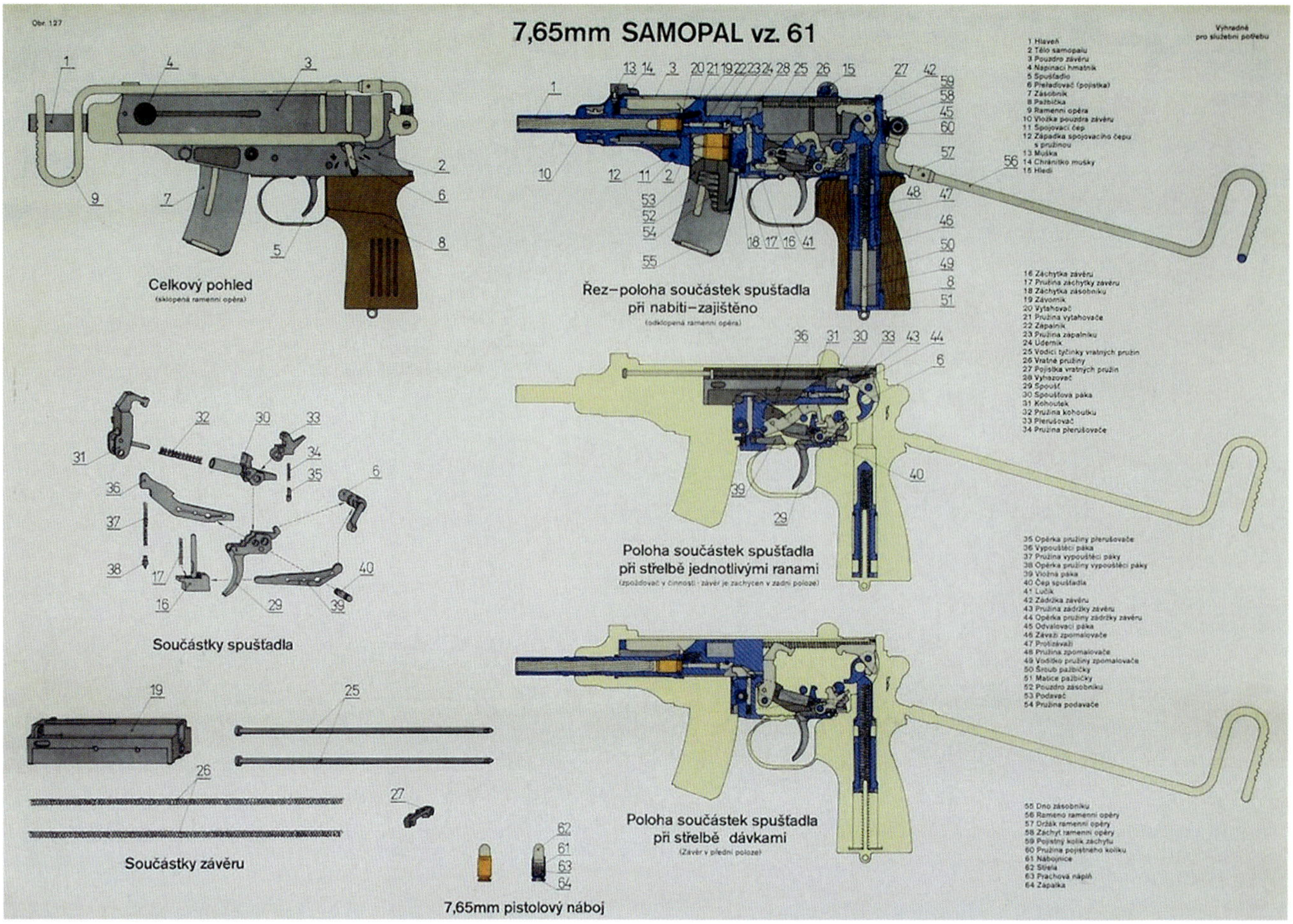

Ausbildungswandtafel für die Samopal vz. 61.

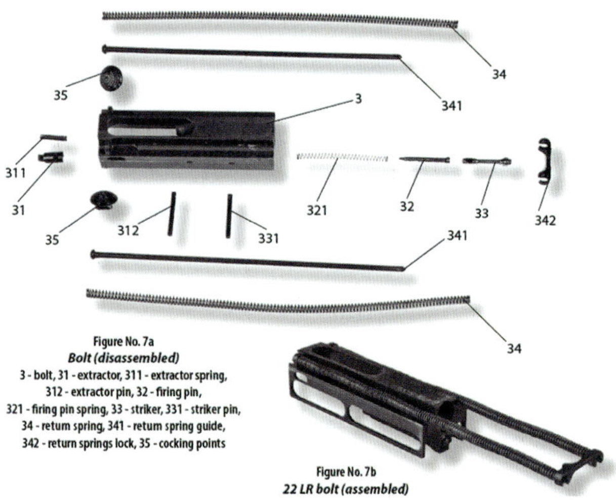

Die Abbildung aus dem Handbuch zeigt den Verschluss in seine Einzelteile zerlegt. Die vz. 61 besitzt zwei Schließfedern, um Länge einzusparen. Unten rechts der Verschluss für die Kleinkaliber-Ausführung in .22 lfB.

Tschechische Polizisten üben mit der Lizenfertigung M84.

Die Schulterstütze ist mehr ein Notbehelf und die Schießhaltung eher unbequem.

Sa vz. 61 mit Holster und Magazintasche für zwei Magazine. Im Holster können noch ein Putzstock und ein Reinigungsstab verstaut werden.

Die Feuergeschwindigkeit lässt sich durch die Verwendung unterschiedlich starker Druckfedern im Verzögerungsmechanismus verändern. Je weicher die Feder, desto schneller schießt die Waffe. Wie schon bei der Sa vz. 23 umschließt auch hier der Verschluss den Lauf, um Länge einzusparen. Zudem lässt sich die Schulterstütze über das Gehäuse nach vorne klappen. Die MP ist dann nur noch 27 cm lang. Links über dem Griff ist der Kombinationsschalter platziert, mit dem die Waffe ge- und entsichert und zwischen Einzel- und Dauerfeuer umgeschaltet werden kann. Zum Zerlegen ist kein Werkzeug nötig. Neben offiziellen Abnehmern wie Militär und Behörden fand die Škorpion auch auf der anderen Seite des Gesetzes rege Verbreitung. Sie avancierte in kriminellen Kreisen zu einem begehrten Statussymbol. Die Irisch-Republikanische Armee (IRA) verwendete sie ebenso wie Italiens Rote Brigaden, die mit ihr 1978 den italienischen Politiker Aldo Moro ermordeten. Und noch heute taucht sie bei Bandenkriegen auf oder in den Händen von Terroristen.

Von Česká Zbrojovka wurde die Škorpion in vier verschiedenen Kalibern gefertigt:

Sa vz. 61: 7,65 x 17 mm HR Browning
Sa vz. 64: 9 x 17 mm Browning
Sa vz. 65: 9 x 18 mm Makarow
Sa vz. 68: 9 x 19 mm Parabellum

Technische Daten:		
Česká Zbrojovka (CZ)	Sa vz. 61	Sa vz. 68
Produktionszeit	ab 1963	ab 1968
Kaliber	7,65 x 17 mm HR	9 x 19 mm
Länge (Schaft eingeklappt)	270 mm	305 mm
Länge (Schaft ausgeklappt)	522 mm	595 mm
Lauflänge	115 mm	115 mm
Gewicht (ungeladen)	1,30 kg	2,03 kg
Gewicht (geladen, 20 Schuss)	1,55 kg	2,38 kg
Magazinkapazität	10 und 20 Patronen	10, 20 und 30 Patronen
Feuerarten	Einzelfeuer, Dauerfeuer	
Feuerrate	ca. 750–850 Schuss/min	
Visier	Klappkimmen 75–150 Meter	Klappkimmen 75–250 Meter

EVO 3 »Scorpion«

Um auf dem Markt der modernen Maschinenpistolen mithalten zu können, versuchte sich Česká Zbrojovka (CZ) an der Entwicklung einer völlig neuen Waffe für das weit verbreitete Kaliber 9 x 19 mm. Um das Jahr 2000 entstand in der Tschechei bei Laugo Arms eine kompakte Maschinenpistole als persönliche Verteidigungswaffe. Nachdem der Entwurf ausgereift war, erwarb CZ die Rechte daran und entwickelte die Waffe nach eigenen Vorstellungen weiter. Das Ergebnis kam dann 2009 als EVO 3 »Scorpion« auf den Markt. Trotz der Namensgleichheit ist sie technisch völlig anders gestaltet als die Sa vz. 61.

Die EVO 3 zeichnet sich durch außergewöhnliche Ergonomie, Widerstandsfähigkeit und einfache Handhabung aus. Die Maschinenpistole erfüllt die Anforderungen auf zuverlässige Funktion unter erschwerten Bedingungen, und zwar sowohl gemäß NATO-AC 225/D14, als auch gemäß TPVD 637 – 81. Sie schießt vom geschlossenen Verschluss und ist somit auch im Einzelschuss sehr präzise. In der Modellvariante A1 ermöglicht sie das Schießen in Dauerfeuer, 3-Schuss-Feuerstößen und Einzelschüssen. Das Modell S1 dagegen erlaubt nur halbautomatische Funktion. Die Waffe besteht zu einem großen Teil aus Polymer-Bauteilen und wiegt geladen nur 2,8 Kilogramm. Dank der transparenten Kunststoffmagazine hat der Schütze seinen Munitionsvorrat gut im Blick.

Für CZ erwies sich die EVO 3 als Exportschlager. Von der finnischen Polizei über polnische und ungarische Spezialeinheiten bis hin zu den Streitkräften Indonesiens – die »Scorpion« ist heute weltweit im Einsatz. In den USA und südamerikanischen Ländern ist vor allem die Exportversion im Kaliber .40 S&W beliebt.

Im Jahre 2009 kam mit der EVO 3 »Scorpion« eine moderne, kompakte Waffe auf den Markt.

Der Klappschaft mit seinem robusten Scharnier erlaubt einen stabilen Anschlag. Beim Umklappen verkürzt sich die Waffe um 26 cm.

Der Feuerwahlhebel bietet vier Einstellmöglichkeiten: Sicher, Einzelschuss, 3-Schuss-Feuerstoß und Dauerfeuer. Er ist von beiden Seiten der Waffe bedienbar.

Eine polnische Spezialeinheit während einer Übung. Die transparenten Magazine bieten eine gute Kontrolle des Patronenvorrats. Der rechte Polizist hat an der unteren Picatinny-Schiene ein Laserzielgerät montiert.

Technische Daten:	
Česká Zbrojovka (CZ)	EVO 3
Produktionszeit:	ab 2009
Kaliber:	9 x 19 mm
Länge (Schaft eingeklappt):	410 mm
Länge (Schaft ausgeklappt):	675 mm
Lauflänge:	196 mm
Gewicht (ungeladen):	2,12 kg
Gewicht (geladen):	2,77 kg
Magazinkapazität:	10, 20 und 30 Patronen
Feuerarten:	Einzelfeuer, Dauerfeuer
Feuerrate:	1150 Schuss/min

Belgien

Vigneron

In den Nachkriegsjahren war Belgiens Armee mit Waffen der Siegermächte ausgestattet. Doch Anfang der 50er-Jahre regte sich der Wunsch nach eigenen Waffen aus nationaler Produktion. Viele Teilnehmer an der Ausschreibung orientierten sich an den Waffen des Zweiten Weltkriegs. Sie brachten kaum Neuerungen, und ihre Waffen schieden teilweise schon im Vorfeld aus.

Auch die Vigneron war keine technische Meisterleistung, aber dennoch konnte sie sich gegen die Konkurrenz durchsetzen. Ihr Konstrukteur und Namensgeber George Vigneron, ein belgischer Armee-Offizier im Ruhestand, war zuvor nicht mit Waffenentwicklungen in Erscheinung getreten. Nach einer ausgiebigen Erprobung führte die belgische Armee seine Waffe im Jahre 1952 als »Vigneron M1« offiziell ein. Sie wurde somit die neue Standard-Maschinenpistole in Heer, Marine und Luftwaffe.

Die erste Serienfertigung lief bei der Société Anonyme Précision Liégeoise in Herstal an, bei der auch schon die Prototypen für die Truppenversuche gefertigt worden waren. Wenig später kam als Zulieferer für Einzelteile das staatliche Arsenal Rocourt in Lüttich dazu. Die Vigneron ist eine konventionelle zuschießende Maschinenpistole im Kaliber 9 x 19 mm. Mit einer Länge von über 70 cm selbst bei eingeschobener Schulterstütze ist sie unverhältnismäßig lang und unhandlich, bietet dafür aber dem Schützen eine Visierlinie von 55 cm. Hervorzuheben ist an der ansonsten wenig innovativen Konstruktion die Sicherungseinrichtung: Über einen kleinen schwenkbaren Hebel links hinter dem Abzug kann zwischen Dauerfeuer, Einzelfeuer und Sicher gewählt werden. Zudem verfügt das Griffstück über eine Handballensicherung, die den Verschluss blockiert.

Unten am Gehäuse ist das Kunststoff-Griffstück mit Abzugseinheit befestigt. Es wird hinter dem Magazinschacht eingehakt und mit einer aufschraubbaren Kappe am Gehäuseende festgeklemmt. Diese Konstruktion ist simpel, hat aber einen Nachteil: beim Entfernen der Kappe zum Entnehmen des Verschlusses löst sich auch immer das Griffstück vom Gehäuse. Schlimmstenfalls konnte sich die Endkappe beim Schießen lockern und dadurch das Griffstück abfallen. Die Waffe hätte dann weitergeschossen, bis das Magazin leer war.

Trotz intensiver Bemühungen gelang es nie, die Vigneron in großem Stil auch an andere Länder zu verkaufen. Die belgische Armee blieb der einzige Großabnehmer. Lediglich Portugals Polizei erwarb einige Exemplare, welche dort »Port Vigneron« ge-

War die Endkappe nicht fest genug angeschraubt, konnte sie sich beim Schießen abdrehen, woraufhin das Griffstück abfiel.

Die Stempel auf dem Magazinschacht belegen die Vergangenheit dieser Vigneron. Im Jahre 1952 als M1 gefertig, wurde sie später auf M2 umgerüstet. Vor der Jahreszahl wurde der Eigentumsstempel »ABL« für Armée Belge / Belgisch Léger ausgefräst, als die Waffe ausgemustert und ins Ausland verkauft wurde.

Die Magazine der Vigneron entsprechen fast denen der deutschen MP 40. Die seitlichen Sicken verringern die Reibung der Patronen am Magazingehäuse. Magazinlader und Magazine sind gestempelt mit »VIGN«.

Die Vigneron im Anschlag, abgebildet in einer englischsprachigen Werbemappe. Doch trotz aller Bemühungen blieben internationale Großaufträge aus.

Belgischer Soldat auf Übung. Er hat anstelle des normalen Laufes einen Platzpatronenlauf eingesetzt. Dieser war rot lackiert und besaß kein Korn.

Zahlreiche Vignerons fanden ihren Weg in die Hände der irischen IRA.

Abbildung aus der belgischen Dienstvorschrift.

Die Vigneron war einfach zu zerlegen, hatte aber ihre Tücken. Beim Schießen mit lockerer Endkappe konnte sich mitunter das Griffstück lösen und abfallen.

nannt wurden. Zahlreiche illegale Vignerons tauchten dagegen in den Händen der IRA auf. Eine sehr unrühmliche Bekanntheit erlangte die Vigneron durch ihren Einsatz auf dem afrikanischen Kontinent. Die autoritäre Kolonialpolitik Belgiens ließ in den 50er-Jahren den Widerstand gegen die Fremdherrschaft in Belgisch-Kongo erstarken. Mit den Waffenlieferungen zur Niederschlagung der Unruhen gelangten auch viele Vignerons dorthin. Prominentestes Opfer dieser Zeit ist wohl Patrice Émery Lumumba, der erste Ministerpräsident des unabhängigen Kongos, welcher am 17. Januar 1961 mit Vignerons erschossen wurde.
Genaue Fertigungszahlen der Vigneron sind nicht bekannt. Die Gesamtzahl soll sich auf 150.000 belaufen haben. Ende 1962 wurde die Fertigung eingestellt, aber die MP blieb noch bis Mitte der 80er-Jahre im aktiven Dienst – neben der Uzi, welche bei FN in Lizenz gefertigt wurde.

Militärparade in der Stadt Gent. Die Vignerons werden hier ohne Magazine getragen.

Technische Daten:	
Précision Liégeoise S.A.	Vigneron
Produktionszeit	1952–1962
Kaliber	9 x 19 mm
Länge (Schaft eingeschoben)	708 mm
Länge (Schaft ausgezogen)	887 mm
Lauflänge	305 mm
Gewicht (ungeladen)	3,0 kg
Gewicht (geladen)	3,68 kg
Magazinkapazität	32 Patronen
Feuerarten	Einzelfeuer, Dauerfeuer
Feuerrate	620 Schuss/min

P90

Es war wie eine kleine Revolution, als die belgische Fabrique Nationale (FN) 1988 ihre Maschinenpistole P90 auf den Markt brachte. Nicht nur das Erscheinungsbild war ungewöhnlich, FN hatte auch gleich eine eigene Munition dafür entwickelt: die kleinkalibrige Patrone 2,7 x 28 mm.

Mit der P90 sollten Truppenteile ausgerüstet werden, die nicht direkt an Kampfhandlungen teilnehmen. Derlei Unterstützungstruppen haben keinen Bedarf an teuren Waffen mit hoher Reichweite, sondern benötigen etwas Kompaktes mit hoher Feuerkraft zur Selbstverteidigung. Außerdem zeigte sich die bewährte 9-mm-Munition zunehmend wirkungsloser gegenüber moderner Schutzbekleidung. Somit entwickelte FN gleich ein Komplettpaket aus neuer Waffe und neuer Munition.

Die ballistische Leistung der Patrone ist durchaus beeindruckend: das Geschoss gibt seine Energie auf etwa 30 cm in einem Weichziel vollständig ab, das bedeutet eine sehr geringe Gefährdung von Personen und Objekten hinter dem Ziel. Dennoch durchdringt es auf 150 Meter fast 50 Lagen Kevlar. Ein weiterer Vorteil ist die sehr flache Flugbahn. Auf 200 m Entfernung fällt das Geschoss nur um 16 cm, während ein 9-mm-Geschoss auf die gleiche Entfernung um mehr als 50 cm abfällt. Der Schütze muss also beim Zielen weniger Abweichung beachten. Durch den geringen Rückstoß ist eine automatische Waffe in diesem Kaliber bei Feuerstößen sehr gut im Ziel zu halten.

Mit der P90 im Kaliber 2,7 x 28 mm brachte FN eine ungewöhnliche Neuentwicklung auf den Markt. Die Waffe wurde ein internationaler Verkaufserfolg.

Aus Gründen der Präzision ist die P90 als aufschießender Rückstoßlader konstruiert. Verschluss und Patronenzuführung befinden sich hinter dem Abzug (sogenannte Bullpup-Ausführung) und ermöglichen so einen längeren Lauf bei möglichst kleiner Gesamtlänge. Über einen beidseitig bedienbaren Drehschalter unter dem Abzug lässt sich zwischen Einzelfeuer, Dauerfeuer und Sicher wählen. Sollte das standardmäßige Leuchtpunktvisier ausfallen, gibt es auf beiden Seiten der Waffe noch Visierkimmen, um beidseitig schießen zu können. An der rechten Seite ist eine Picatinny-Schiene zur An-

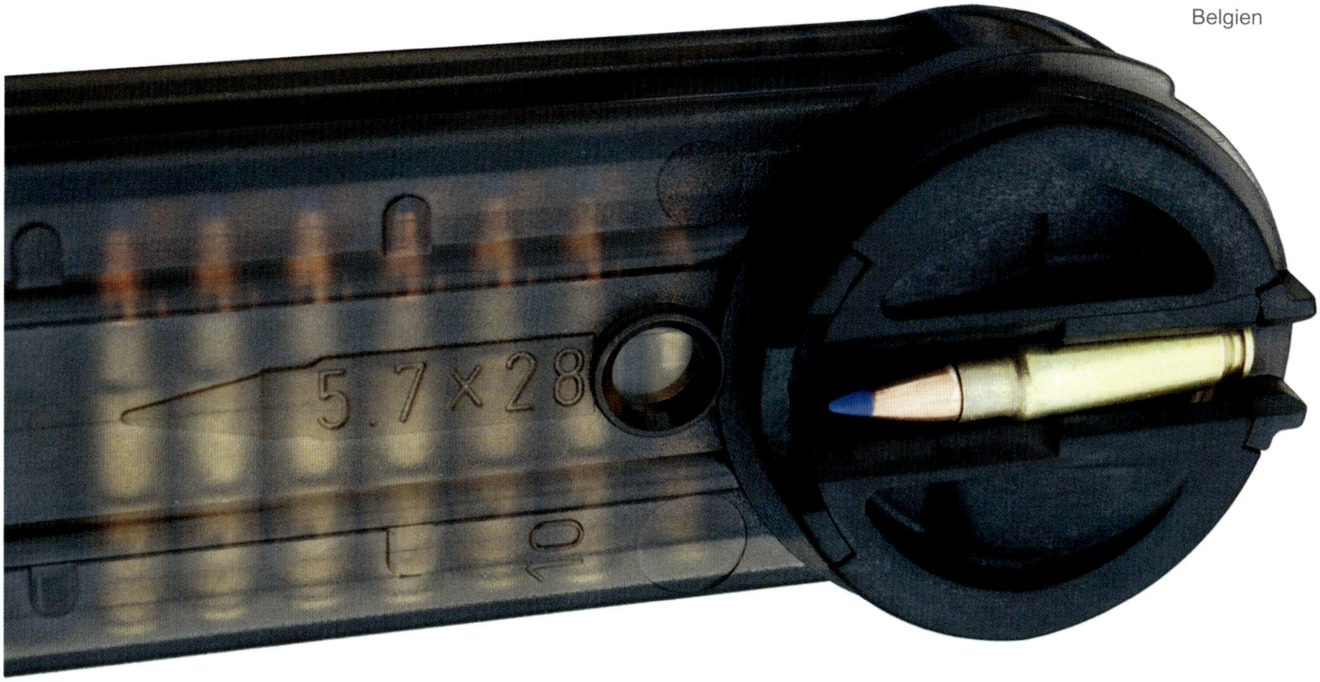

Die Patronen werden erst kurz vor der Zuführung durch eine Vorrichtung im Magazin in die richtige Position gedreht.

bringung weiterer Zielhilfen montiert.
Das etwas kompliziert aufgebaute Magazin ist flach oberhalb des Laufs gelagert und stört somit nicht im Anschlag. Der durchsichtige bernsteinfarbene Polycarbonat-Kunststoff ermöglicht eine schnelle Füllstandskontrolle. Die Patronen liegen quer zur Bewegungsrichtung zweireihig übereinander und werden erst kurz vor der Zuführung durch eine spezielle Vorrichtung in die richtige Position gedreht. Der Auswurf der leeren Hülsen erfolgt an der Unterseite durch das hintere, hohle Griffstück.
Ganz im Gegensatz zum ursprünglich von FN angedachten Einsatzzweck hat sich die P90 bis heute vor allem bei Polizeien, Antiterror-Einheiten und sonstigen bewaffneten Spezialkräften weltweit verbreitet. Ihren ersten Kampfeinsatz erlebte die Waffe 1991 im Zweiten Golfkrieg bei den belgischen Special Forces. Und 1997 stürmte eine peruanische Spezialeinheit die von kommunistischen MRTA-Revolutionären besetzte japanische Botschaft in Lima. Die Peruaner waren unter anderem mit P90 mit Schalldämpfern ausgerüstet und töteten alle 14 Geiselnehmer – obwohl diese schusssichere Westen trugen.

Die handliche P90 wird bei Militär und Polizei gerne verwendet. Die Patronen liegen im Magazin quer zur Bewegungsrichtung zweireihig übereinander.

Technische Daten	
Fabrique Nationale (FN)	P90
Produktionszeit	ab 1988
Kaliber	5,7 x 28 mm
Länge	500 mm
Lauflänge	263 mm
Gewicht (ungeladen)	2,5 kg
Magazinkapazität	50 Patronen
Feuerarten	Einzelfeuer, Dauerfeuer
Feuerrate	900 Schuss/min

Frankreich

MAT 49

Nach dem Zweiten Weltkrieg versuchte Frankreich, seinen kolonialen Einfluss in Asien zu erneuern. Doch das Vorhaben misslang und mündete schließlich in einen über sieben Jahre dauernden Krieg gegen die kommunistischen Việt Minh (Indochinakrieg). Neben zahlreichen Weltkriegswaffen kam dort in den Händen der französischen Soldaten auch eine neue Maschinenpistole zum Einsatz: die MAT 49.
Ihre Entwicklungsgeschichte begann bereits im Mai 1945. Frankreich hatte sich damals für die Patrone 9 x 19 mm als neue Standardmunition entschieden, und somit musste ein Ersatz für die veraltete MAS 38 mit ihrer schwachen 7,65-mm-Munition beschafft werden. 1947 reichten alle drei staatlichen Waffenfabriken und Hotchkiss ihre Versuchswaffen ein, und am Ende erhielt die Manufacture Nationale d'Armes de Tulle (MAT) den Zuschlag. Deren Waffe bestand zum Großteil aus geformtem Blech. Frästeile waren auf ein Minimum reduziert. Neben den geringen Kosten überzeugte vor allem die reduzierte Fertigungszeit – denn Frankreich benötigte möglichst schnell möglichst viele Maschinenpistolen für Armee, Fremdenlegion und diverse Kolonialtruppen. Mitte 1960 wurde die Fertigung an die Manufacture d'Armes de St-Etienne (MAS) übergeben, wo sie noch bis 1979 weiter produziert wurde.
Technisch besitzt die MAT 49 keinerlei Raffinessen. Es ist nichts vorhanden, was nicht unbedingt benötigt wird. Ein einfacher Rückstoßlader mit

Nach dem Krieg führte Frankreich die preiswert und schnell zu fertigende MAT 49 ein. Die Fallschirmjäger in Indochina schätzten vor allem das abklappbare Magazin an der Waffe.

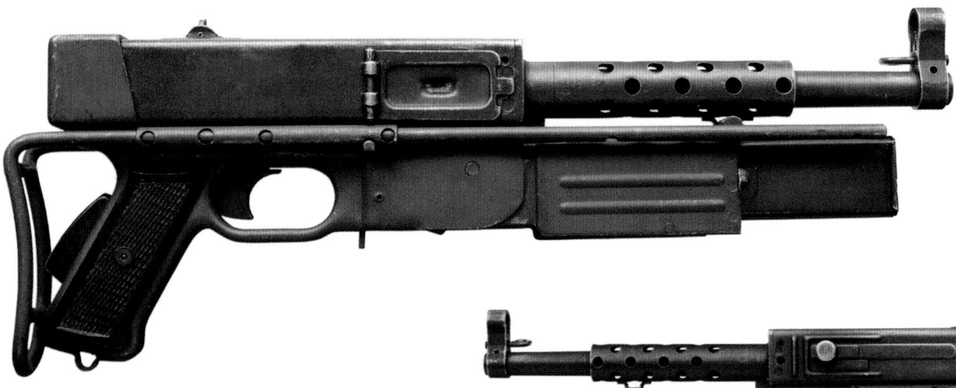

Die MAT 49 war auch beim Feind begehrt, wie hier beim Vietcong.

Masseverschluss, gespeist aus einem Stangenmagazin. Eine Griffsicherung sorgte für die nötige Sicherheit. Der Schütze musste den Griff fest umfassen, ansonsten rührte sich der Verschluss nicht. Bei eingeschobener Schulterstütze war die MP nur 46 cm lang. Und für den Fallschirmsprung konnte der Magazinschacht mitsamt eingestecktem Magazin um 90° nach vorne unter den Lauf geklappt werden. Der Soldat zog gleich nach der Landung das Magazin wieder herunter und war sofort schussbereit.

Bei den Soldaten wurde die MAT 49 schnell beliebt, sie war kompakt, sehr robust und zuverlässig. Außer in Indochina kam die MP auch noch im Algerienkrieg und in der Suezkrise zum Einsatz. Erst ab 1979 nahm man sie nach und nach aus dem aktiven Dienst und ersetzte sie teilweise durch das FAMAS-Sturmgewehr. Bis dahin waren rund 700.000 MAT 49 vom Band gelaufen.

Nach dem Abzug der Franzosen aus Indochina wurden viele der erbeuteten MAT 49 auf das russische Kaliber 7,62 x 25 mm Tokarev umgerüstet. Die Feuerrate erhöhte sich dabei auf rund 900 Schuss/min.

Das übliche Stangenmagazin für die MAT 49 fasst 32 Patronen im Kaliber 9 x 19 mm.

Technische Daten	
MAT	MAT 49
Produktionszeit	1949–1979
Kaliber	9 x 19 mm
Länge (Schaft eingeschoben)	460 mm
Länge (Schaft ausgezogen)	720 mm
Lauflänge	230 mm
Gewicht (ungeladen)	3,5 kg
Gewicht (geladen)	4,2 kg
Magazinkapazität	20 und 32 Patronen
Feuerarten	Dauerfeuer
Feuerrate	600 Schuss/min
Visier	Klappkimme 100 und 200 Meter

Carabine Mitrailleuse Hotchkiss (CMH)

Als Konkurrenz zur technisch einfachen MAT 49 versuchte die traditionsreiche Rüstungsfirma Societe des Armes a Feu Portatives Hotchkiss et Cie mit einer durchdachten Eigenentwicklung zu punkten. Die Waffe sollte einerseits lang genug sein, um eine ausreichende Visierlinie zwischen Kimme und Korn und eine gute Präzision zu bieten. Aber andererseits sollte sie auch leicht, klein und kompakt sein, um sie auf dem Marsch bequem tragen oder im Gepäck verstauen zu können. Auch für Fallschirmjäger und Fahrzeugbesatzungen wäre sie so eine ideale Bewaffnung.

Heraus kam eine ungewöhnliche, zusammenklappbare und ineinanderschiebbare Maschinenpistole. Vom Funktionsprinzip her ist sie ein gewöhnlicher zuschießender Rückstoßlader mit Masseverschluss. Eine gefederte Klappe verschließt die Auswurföffnung bei Nichtgebrauch. Sie klappt beim Schießen automatisch auf. Zudem bewegt sich mit dem Spanngriff ein Staubschutzblech, welches den Längsschlitz im Gehäuse abdeckt. Während des Schießens bewegt sich der Spanngriff nicht mit. Über einen Druckknopf kann zwischen Einzel- und Dauerfeuer umgeschaltet werden.

Durch technische Raffinesse lässt sich die Hotchkiss auf eine Größe von 43,5 x 12 cm verkleinern: Dazu klappt man den Magazinschacht nach vorne und schiebt dann das Magazin bis zum Anschlag hinein. Anschließend zieht man den Schaft so weit nach hinten, bis er am Gehäuse aushakt, und klappt ihn dann nach vorne unter die Waffe. Gleichzeitig klappt auch der hohle Pistolengriff nach vorne und legt sich über den Abzug. Als Letztes zieht man den Verschluss nach hinten und schiebt den Lauf bis zum Anschlag ins Gehäuse hinein.

Im Jahr 1949 wurden zwei Varianten unter der Bezeichnung Carabine Mitrailleuse Hotchkiss (CMH) auf den Markt gebracht. Das Modell 010 für militärische Zwecke mit Umschaltvorrichtung auf Dauerfeuer und das Modell 017 als Polizeiausführung in Halbautomatik. Einige wenige frühe Stücke besaßen noch einen zur Seite klappbaren Holzschaft.

Obwohl die Hotchkiss angenehm zu transportieren und beim Schießen wenig störanfällig war, konnte sie sich nicht gegen die MAT 49 durchset-

Die Hotchkiss nimmt wenig Platz weg. Doch wenn es eilt, vergeht bis zur Einsatzbereitschaft zu viel wertvolle Zeit.

zen. Bei der Fronterprobung in Indochina führten die Soldaten die Waffe meistens im einsatzbereiten Zustand mit sich, denn das Auseinanderklappen dauerte bei einem überraschenden Angriff viel zu lange. Und in dieser Zeit wäre der Schütze völlig wehrlos gewesen. Somit wurden nur 2.000 Stück der Militärausführung hergestellt und größtenteils an die Polizei in Venezuela und Marokko verkauft. Die eigentliche Polizeiausführung 017 ging nie in Serienfertigung.

Obwohl robust gebaut und zuverlässig im Einsatz blieb der Erfolg aus: Nur rund 2.000 Hotchkiss-MPs wurden hergestellt.

Verschluss der Hotchkiss.

Technische Daten	
Hotchkiss et Cie	CMH
Produktionszeit	1949–1952
Kaliber	9 x 19 mm
Länge (zusammengeklappt)	440 mm
Länge (komplett ausgezogen)	776 mm
Lauflänge	273 mm
Gewicht (ungeladen)	3,43 kg
Magazinkapazität	32 Patronen
Feuerarten	Einzelfeuer, Dauerfeuer
Feuerrate	650 Schuss/min
Visier	Klappkimmen 50 und 150 Meter

Polen

PM-63 »Rak«

Nach Gründung der Warschauer Vertragsorganisation, besser bekannt als Warschauer Pakt, versuchte die Moskauer Führung, alle Mitglieder waffentechnisch auf ein möglichst einheitliches Niveau zu bringen. Beispielsweise durch die Vergabe von Lizenzrechten für russische Waffen. Während die Verbreitung der Sturmgewehre im Kaliber 7,62 x 39 mm mit allen Mitteln forciert wurde, blieb die Bewaffnung mit Maschinenpistolen den einzelnen Staaten selbst überlassen. Fest vorgeschrieben war lediglich deren Kaliber: 9 x 18 mm.

Piotr Wilniewczyc, Vater der berühmten Vis wz.35 »Radom« Pistole, arbeitete nach dem Krieg unter anderem an einer Maschinenpistole. Von der Idee her war sie als reine Selbstverteidigungswaffe gedacht, möglichst leicht und kompakt und somit auch zum verdeckten Tragen geeignet. Die Zielgruppe sollten Einheitsführer, Bedienungsmannschaften von Großgerät, Luftlandetruppen und Angehörige von Polizei und Sicherheitsdiensten sein. Im Jahre 1956 nahm dieses Projekt Form an, und Wilniewczyc legte sich auf einen im Pistolengriff enthaltenen Magazinschacht fest sowie auf einen Schlitten mit integriertem Verschluss, der sich über den Lauf bewegt. Also quasi eine Kreuzung aus klassischer MP und Selbstladepistole. Dann fügte er noch eine Verzögerungseinrichtung zum Reduzieren der Feuergeschwindigkeit hinzu. Offiziell wurde die Waffe als »9 mm pistolet maszynowy wzór 1963 (PM-63)« eingeführt, aber viel bekannter ist sie auch heute noch unter ihrem Spitznamen »Rak« (polnisch für »Krebs«). Der sich beim Schießen vor und zurück bewegende Schlitten direkt vor dem Gesicht des Schützen ist ein ungewöhnliches Merkmal die-

Polens PM-63 war als handliche Kleinmaschinenpistole beliebt. Die wenig stabile Einschub-Schulterstütze wurde kaum verwendet, und auch das Scharnier vom Handgriff leierte schnell aus.

PM-63 geladen und gespannt. Der Schlitten ragt dabei 6,5 cm über das Gehäuseende hinaus.

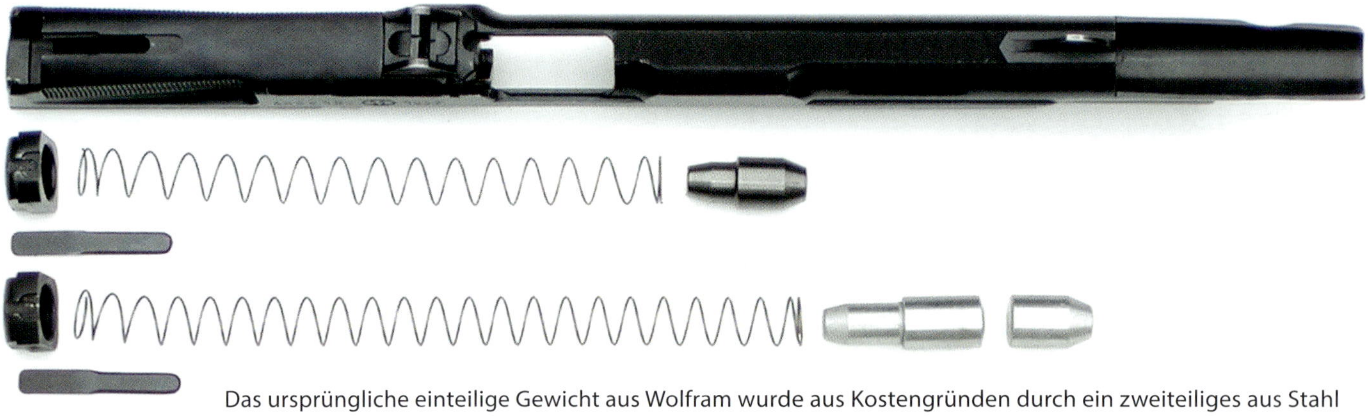

Das ursprüngliche einteilige Gewicht aus Wolfram wurde aus Kostengründen durch ein zweiteiliges aus Stahl ersetzt. Die Schließfeder musste dafür verstärkt werden. [Leszek Erenfeicht]

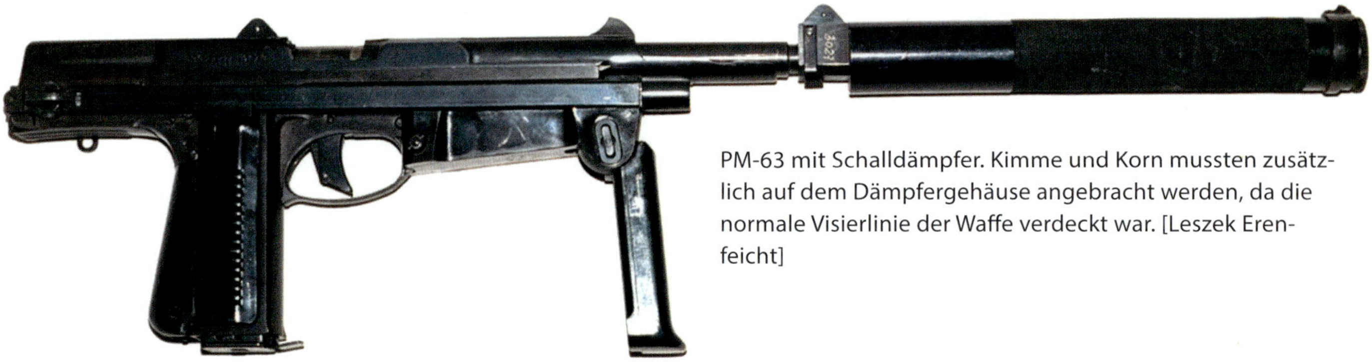

PM-63 mit Schalldämpfer. Kimme und Korn mussten zusätzlich auf dem Dämpfergehäuse angebracht werden, da die normale Visierlinie der Waffe verdeckt war. [Leszek Erenfeicht]

Polnisches Standardzubehör: Eine Tasche für drei 25-Schuss-Magazine, Riemen, Plastik-Ölfläschchen und Putzzeug.

Häuserkampf mit der PM-63. Zur Verwendung in beengten Verhältnissen ist sie bestens geeignet.

Ausbildung der Volkspolizei in der DDR. Gut zu erkennen, wie nahe der Schlitten dem Gesicht des Schützen kommt.

ser Konstruktion. Die PM-63 ist eine zuschießende Waffe. Ihr Abzug ist so ausgelegt, dass bei leichtem Druck Einzelschüsse und bei starkem Druck Dauerfeuer geschossen werden kann. Eine Verlängerung des Gehäuses nach vorne schwächt das Steigen der Waffe ab und verhilft ihr zu einer weiteren ungewöhnlichen Eigenschaft: sie kann mit einer Hand gespannt werden. Einfach die Waffe am Pistolengriff packen, die Verlängerung gegen einen festen Gegenstand halten und einmal fest nach vorne drücken. Schon ist die MP gespannt. Beim Schießen befindet sich die Verlängerung genau in dem Moment unterhalb der Mündung, in dem das Geschoss den Lauf verlässt. So wird ein Teil des Gasdrucks nach oben abgelenkt, und auch die Finger können nicht vor die Mündung geraten. Dank eines abklappbaren Vordergriffs kann die PM-63 auch zweihändig geschossen werden.

Obwohl keine andere Armee die PM-63 offiziell einführte, fand sie in den kommunistisch geprägten Staaten Verbreitung als Polizeiwaffe. Exporte gingen unter anderem nach Kuba und Vietnam. Vom Standardmodell PM-63 wurden in den zehn Jahren der Fertigung über 70.000 Stück hergestellt. Über dunkle Kanäle gelangten einige MPs in die Hände der RAF und anderer linksradikaler Gruppierungen, und selbst Jassir Arafat hat auf einem Foto eine geholsterte PM-63 vor sich liegen. Die Volkspolizei (VoPo) der DDR setzte die Waffe als »Miniatur-Maschinenpistole PM-63« ein. Nach der Wende kamen einige Stücke, wenn auch nur für kurze Zeit, in den Bestand der sächsischen Polizei.

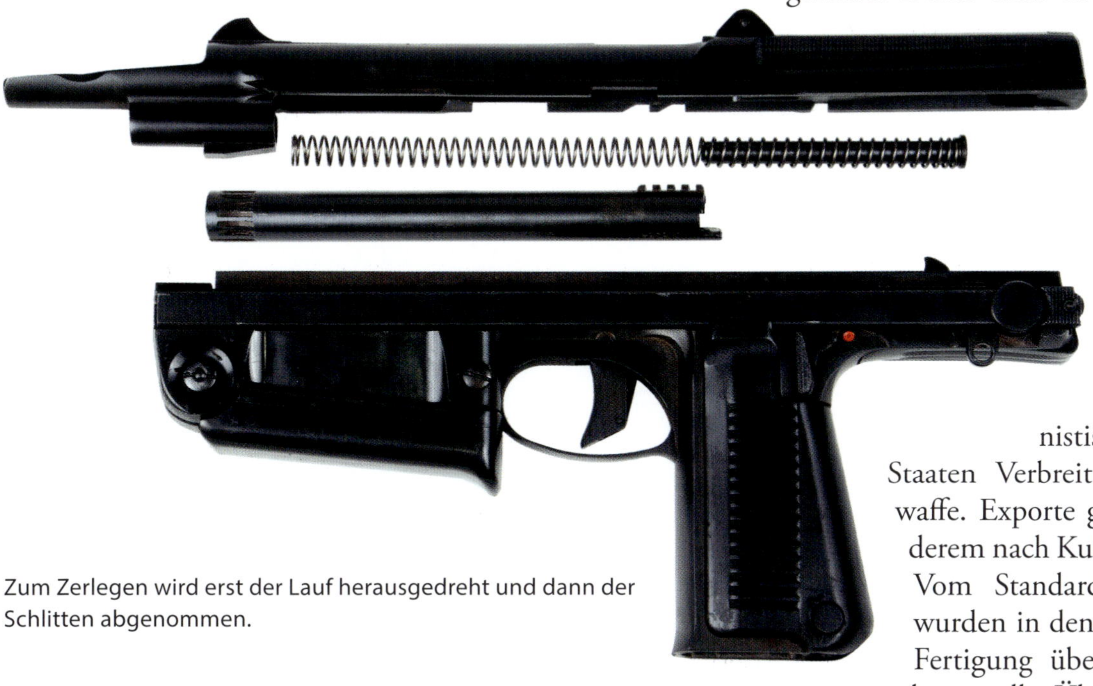

Zum Zerlegen wird erst der Lauf herausgedreht und dann der Schlitten abgenommen.

Technische Daten:	
Fabryka Broni Łucznik	PM-63
Produktionszeit	1967–1977
Kaliber	9 x 18 mm Makarow
Länge (Schulterstütze ausgezogen)	583 mm
Länge (Schulterstütze eingeschoben)	333 mm
Lauflänge	150 mm
Gewicht (ungeladen)	1,6 kg
Magazinkapazität	15 und 25 Patronen
Feuerarten	Einzelfeuer, Dauerfeuer
Feuerrate	600–650 Schuss/min

PM-84 »Glauberyt«

Mit der PM-63 »Rak« besaß Polen zwar eine zuverlässige und feuerstarke Maschinenpistole, doch ihre Herstellung war teuer. Das aus dem Vollen gefräste Gehäuse verschlang viel Material und Zeit. Andere Länder hatten längst auf Waffen aus Blechprägeteilen umgestellt, und Polen wollte nun ebenfalls nachziehen. Außerdem setzte sich die 9-x-19-mm-Patrone weltweit immer mehr als Standard durch. Das versuchsweise Umrüsten vorhandener Waffen war wenig erfolgreich, und somit musste ein neues Modell her.

Anfang der 70er-Jahre begann also das Projekt »Glauberyt«, benannt nach dem Mineral Glauberit aus der Klasse der Sulfate. Bereits 1972 waren die ersten Pläne fertig. Auf deren Grundlage wurde versucht, der Waffe ein Gehäuseunterteil aus Kunststoff zu verpassen. Doch die Herstellung der Gussformen wäre zu teuer geworden, und somit erhielten die beiden Prototypen ein Gehäuse aus Aluminium. Entgegen den ursprünglichen Plänen waren die Waffen nur für das Kaliber 9 x 18 mm eingerichtet. Die Versuche liefen zufriedenstellend. Die Feuerrate lag bei 750 Schuss/min, und die Waffen funktionierten zuverlässig. Der Spanngriff saß zentral oben auf dem Gehäuse zwischen Kimme und Korn. Dank der kompakten Maße konnte die Waffe einhändig geschossen werden, sie besaß aber auch eine Schulterstütze und einen abklappbaren Vordergriff.

Trotz der guten Ergebnisse wurde das Projekt 1976 zunächst wieder gestoppt. Nochmals sollte die Verwendung von Kunststoffteilen versucht werden, und die Armee wünschte auch noch einige Veränderungen. So zogen sich die Arbeiten hin – bis die Waffe dann letztendlich erst 1984 offiziell bei der Armee als »Pistolet Maszynowy wz.1984« (PM-84)

Sie hätte die PM-63 ablösen sollen. Doch ständig neue Änderungswünsche verzögerten die Entwicklung der PM-84 um mehr als 30 Jahre.

eingeführt wurde. Im Folgejahr sollte die Serienfertigung beginnen. Doch die Vorbereitungen zogen sich ebenfalls hin, und erst Ende 1990, nach unglaublichen 30 Jahren(!) Entwicklungszeit, liefen die ersten Waffen vom Band. Inzwischen hatte sich aber die politische Situation völlig verändert, Polymere fanden Verbreitung im Waffenbau, und an der 9 x 19 mm Parabellum kam fast niemand mehr vorbei. Dieses Kaliber wurde deshalb auch 1992 zusätzlich bei der polnischen Armee eingeführt. Bevor also die Serienfertigung der PM-84 richtig in Schwung kam, war ihre Zeit eigentlich schon wieder abgelaufen. Umso erstaunlicher, dass sie heute noch immer hergestellt wird.

Mit über 50.000 Stück macht die Ausführung PM-84P in 9 x 19 mm den Großteil aller bislang hergestellten Waffen aus. Das P steht für Parabellum. Neben der Armee setzen auch Polizei, Grenzschutz und Spezialeinheiten die kompakte Waffe ein. Zivile Halbautomaten verkaufen sich wegen der strengen europäischen Waffengesetze sehr schlecht. Dafür konnten schon einige Exporterfolge verbucht werden: die irakische Polizei kaufte 6.000 Stück, und auch Indonesien, Kurdistan und die Philippinen statteten ihre Polizeien damit aus.

Polens Polizei setzt die PM-84P im Kaliber 9 x 19 mm noch heute ein.

Technische Daten:	
Zakłady Metalowe Łucznik	PM-84
Produktionszeit	ab 1992
Kaliber	9 x 18 mm, 9 x 19 mm
Länge (Schulterstütze ausgezogen)	575 mm
Länge (Schulterstütze eingeschoben)	375 mm
Lauflänge	185 mm
Gewicht (ungeladen)	2,07 kg
Magazinkapazität	15 und 25 Patronen
Feuerarten	Einzelfeuer, Dauerfeuer
Feuerrate	600 Schuss/min

USA

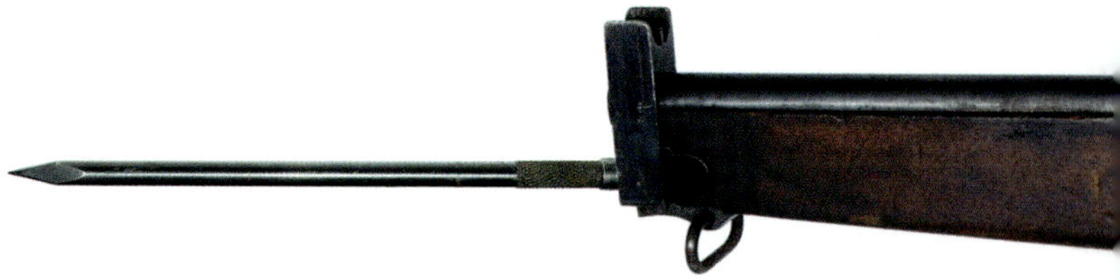

Ingram Model 6

Auch in den USA waren in den frühen Nachkriegsjahren überzählige Militärwaffen zu günstigen Preisen zu bekommen. In dieser Zeit versuchte der Unternehmer und Hobby-Waffenbauer Gordon B. Ingram, mit einer kostengünstig zu produzierenden Maschinenpistole auf dem Waffenmarkt Fuß zu fassen. Er gründete hierfür die Police Ordnance Company mit Sitz in Los Angeles. Wie schon aus dem Namen ersichtlich, sollten die Waffen hauptsächlich an Polizeibehörden und andere bewaffnete staatliche Organisationen verkauft werden.

Ingrams Model 6 orientierte sich optisch an der Thompson, war aber wesentlich günstiger in der Herstellung.

Seine Ingram Modell 6 sieht auf den ersten Blick wie eine Thompson aus. Das war auch Absicht, denn für die potenziellen Kunden sollte es ein vertrauter Anblick sein. Fertigungstechnisch war die Waffe allerdings stark vereinfacht und lag somit preislich weit unterhalb der Konkurrenz. Das Gehäuse besteht aus Stahlrohr mit eingeschraubter Endkappe. Die Abzugseinheit sitzt zusammen mit der Magazinhalterung in einem kastenförmigen Blechgehäuse. Besondere Innovationen bietet die Waffe nicht. Sie funktioniert als zuschießender Rückstoßlader mit unverriegeltem Masseverschluss. Frühe Ausführungen besaßen noch einen hölzernen Vordergriff wie die Thompson 1928, aber später gab es nur noch einen hölzernen Vorderschaft unter dem Lauf. Trommelmagazine hielt Ingram für zu kompliziert, weshalb er lediglich ein Stangenmagazin für 30 Patronen anbot.

Die Police Ordnance Company konnte von 1949 bis 1952 eine größere Stückzahl des Modells 6 in

Das Modell 6 in »Military«-Ausführung mit zusätzlichen Schutzbacken an Kimme und Korn, sowie Ösen für einen Trageriemen. Der Schütze kann zwischen Einzel- und Dauerfeuer wählen, je nach dem wie weit er den Abzug durchzieht.

Peruanische Lizenzfertigung des Modells 6.

Gordon Bailey Ingram mit seiner »Police Model 6«, erkennbar am Vordergriff.

INSTRUCTION MANUAL
FOR THE OPERATION AND MAINTENANCE OF THE
MODEL 6
Ingram Patented
SUBMACHINE GUN

MANUFACTURED BY
POLICE ORDNANCE COMPANY
1211 SOUTH SAN PEDRO STREET
LOS ANGELES 15, CALIF., U.S.A.

Handbuch der Police Ordnance Company für die Ingram Model 6.

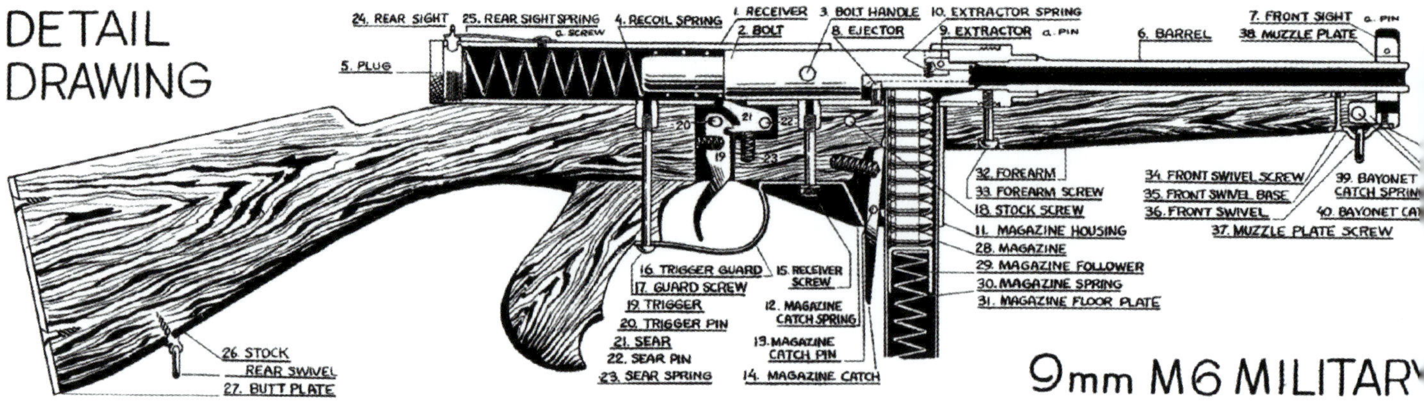

Schnittzeichnung der »Military«-Ausführung.

Die »Police«-Ausführung besaß einen hölzernen Vordergriff wie die Thompson 1928.

Die peruanische M6 zum Reinigen zerlegt.

Die Abzugseinheit der peruanischen M6 ist in einem einfachen Blechkasten untergebracht, der gleichzeitig den Magazinschacht bildet.

Noch heute bereiten Ingrams Waffen Spaß bei diversen Schießveranstaltungen, wie hier auf der Knob Creek Gun Range in den USA.

verschiedenen Ausführungen verkaufen. Doch der erhoffte große Erfolg gelang damit nicht. Auch das verbesserte Modell 7 mit Feuerwahlhebel verkaufte sich sehr schlecht. Die einfache Bauweise hätte Ingrams Waffe eigentlich für kleinere Staaten attraktiv machen sollen. Als größter ausländischer Abnehmer konnte Peru gewonnen werden. Dort wurde die Waffe sogar in Lizenz gefertigt – wenn auch mit Anpassungen an die lokalen Fertigungsmöglichkeiten. Ansonsten kauften nur noch die kubanische Marine und die thailändische Armee eine kleinere Menge.

Technische Daten:	
Police Ordnance Company	Ingram Model 6
Produktionszeit	1949–1952
Kaliber	.45 ACP
Länge	762 mm
Lauflänge	228 mm
Gewicht (ungeladen)	3,3 kg
Magazinkapazität	30 Patronen
Feuerarten	Dauerfeuer
Feuerrate	600 Schuss/min

Ingram M-10

Nach seinem wenig erfolgreichen Versuch als selbstständiger Unternehmer begann Gordon Ingram 1969 eine neue Beschäftigung bei SIONICS, einer Firma, spezialisiert auf die Entwicklung und Herstellung militärischer Schalldämpfer. Ihr Gründer war kein Geringerer als der ehemalige OSS-Kämpfer, Partisanenausbilder, Söldner und Waffenhändler Mitchell WerBell III.
In den Jahren zuvor hatte Ingram eine einfache Maschinenpistole im Kleinformat für die Kaliber .40 ACP und 9 x 19 mm konstruiert. Sie war fast vollständig aus geformtem Blech und ohne komplizierte Technik gefertigt. Selbst der Verschluss war ein Blechteil und wurde erst nach der Formgebung mit Blei ausgegossen. Er umschließt teilweise den Lauf und ermöglicht so eine geringe Waffenlänge. Das Griffstück liegt günstig und bietet eine gute Balance, und es dient gleichzeitig als Magazinschacht. Trotz einer Feuerrate von über 1.000 Schuss pro Minute ist die Waffe gut im Ziel zu halten. Der oben auf dem Gehäuse platzierte Spannknopf verfügt wegen der Visierlinie über eine breite Kerbe. Dreht man ihn um 90°, dann ist der Verschluss blockiert, was der Schütze an der unterbrochenen Visierlinie erkennt. Der Lauf weist serienmäßig ein Gewinde für einen Schalldämpfer auf.

WerBell fand rasch Gefallen an dieser kleinen, robusten und feuerstarken Waffe. Er entwickelte speziell für sie einen Zweikammer-Schalldämpfer mit einer erstaunlich guten Geräuschdämmung. Zur besseren Vermarktung der Waffe gründeten beide Herren die Military Armament Corporation (MAC). Aufgrund dieses Namens ist die Waffe heute weltweit als MAC-10 bekannt, obwohl sie offiziell immer nur M-10 hieß. Das hochgesteckte Ziel war die Schaffung einer neuen Standardwaffe für die U.S. Army als Ersatz für die Selbstladepistole M1911. Mehrere M-10 und Schalldämpfer

Die M-10 war eine radikal auf das Wesentliche reduzierte Kleinstmaschinenpistole. Durch ihre Verwendung in Actionfilmen erlangte sie einen hohen Bekanntheitsgrad.

SIONICS entwickelte einen speziellen Schalldämpfer für die M-10. Einige Exemplare wurden in Vietnam unter Einsatzbedingungen erprobt, doch zu einer Einführung bei der Armee kam es nicht.

wurden inoffiziell in Vietnam bei der 9. Infanterie-Division im Kampf erprobt. Doch trotz zufriedenstellender Ergebnisse konnte sich die Armee nicht zu einer Einführung durchringen, und auf dem zivilen Markt fanden sich nur wenige Kunden. Mit den Anfang der 70er-Jahre in Kraft tretenden Exportbeschränkungen für Schalldämpfer brach auch der ausländische Markt weg, und 1975 musste die Military Armament Corporation Konkurs anmelden. Wegen ihres »coolen« Aussehens ist die M-10 auffallend oft in Actionfilmen zu sehen und erreichte einen enormen Bekanntheitsgrad. Dieser spiegelt sich aber in keiner Weise in den Verkaufszahlen wider.

Technische Daten:	
Military Armament Corporation	Ingram M-10
Produktionszeit	1970–1973
Kaliber	.45 ACP, .380 ACP, 9x19 mm
Länge (Schaft eingeklappt)	295 mm
Länge (Schaft ausgeklappt)	548 mm
Länge (Schaft eingeklappt)	545 mm (mit Schalldämpfer)
Länge (Schaft ausgeklappt)	798 mm (ohne Schalldämpfer)
Lauflänge	146 mm
Gewicht (ungeladen)	2,84 kg (ohne Schalldämpfer)
Magazinkapazität	30 Patronen .45 ACP / 32 Patronen 9 x 19 mm
Feuerarten	Dauerfeuer
Feuerrate (.45 ACP)	1.090 Schuss/min
Feuerrate (.380 ACP)	1.380 Schuss/min
Feuerrate (9 x 19 mm)	1.250 Schuss/min

Smith & Wesson 76

Zu Beginn des Vietnam-Krieges führten die USA als Maschinenpistolen aus eigener Fertigung nur die Thompsons und M3A1 Grease Guns im Bestand. Die schwedische Carl Gustaf m/45 wurde somit als willkommene Ergänzung in größeren Mengen hinzugekauft, zumal sie sich im Einsatz hervorragend bewährte. Die m/45 tauchte deshalb in Südvietnam in nicht unerheblichen Mengen auf. Doch die schwedische Öffentlichkeit sah das amerikanische Engagement in Vietnam in Verbindung mit Rüstungshilfe durch das eigene Land sehr kritisch. Nach diversen Protesten stellte Schweden ab 1966 alle Waffenverkäufe an die USA ein.

Um nicht auf die MP verzichten zu müssen, beauftragte die US-Navy noch im selben Jahr die Firma Smith & Wesson mit der Entwicklung einer möglichst ähnlichen 9-mm-Waffe. Schon wenige Monate später ging der Prototyp in die Erprobung. Obwohl Smith & Wesson ein erfahrener Waffenhersteller war, kam der Nachbau qualitativ nicht an das Vorbild heran. Die »S&W 76« neigte eher zu Störungen, und der nach links einklappbare Schaft aus einfachem Stahlblech geriet weniger stabil als die rohrförmige Konstruktion des schwedischen Originals. Im Einzelfeuer ließ die Präzision zu wünschen übrig, was auch an der Art lag, wie der Lauf in das Gehäuse eingesetzt war: wegen einer fehlenden Fixierungsnut veränderte sich nach dem Zerlegen und Zusammensetzen immer wieder die Treffpunktlage. Dafür verfügte die S&W 76 über eine Feuerwahleinrichtung und eine etwas höhere Feuerrate von zirka 700–750 Schuss/Minute.
Im Jahre 1968 führte Smith & Wesson intensive

Als Schweden die Waffenlieferungen an die USA einstellte, sollte Smith & Wesson einen Ersatz schaffen. Doch deren Modell 76 erreichte nie die Qualität der m/45.

Einer der ersten Prototypen (Seriennummer X185), noch mit kurzem Lauf und ohne Laufmantel. Auf dem Gehäuse befinden sich Halterungen für optisches Zubehör.

Dwayne Charron entwarf das Modell 76. Hier schießt er gerade ein Vorserienmodell auf dem Schießstand der U.S. Army in Fort Benning im Frühjahr 1967.

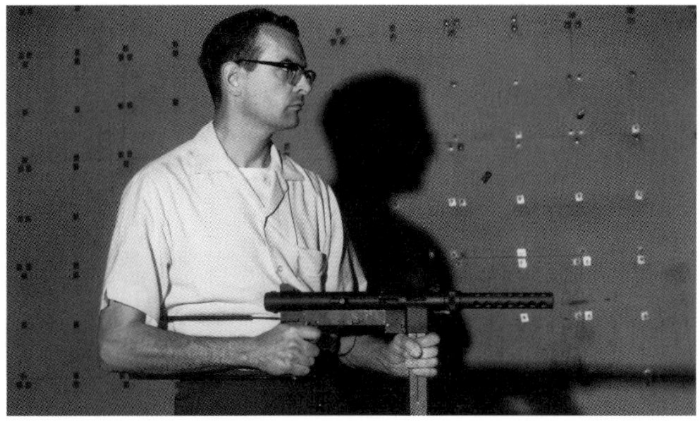

Charrons Assistent, Don Fogg, auf dem firmeneigenen Schießstand während der Erprobung der M 76.

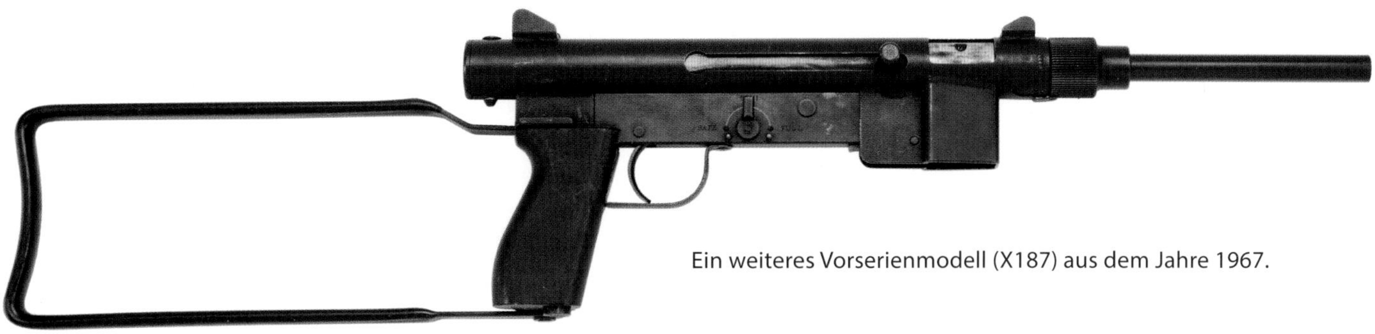

Ein weiteres Vorserienmodell (X187) aus dem Jahre 1967.

Versuche mit einer auf elektrische Zündung umgebauten Maschinenpistole durch. Sie sollte eine neu entwickelte, hülsenlose Munition verschießen. Doch das Abbrennverhalten des Pulvers und die Empfindlichkeit der Munition bereiteten große Probleme, und das Projekt wurde Ende des Jahres wieder eingestellt.

Nachdem die Verkäufe an das Militär weit hinter den Erwartungen zurückblieben und sich auch die Anschlussverkäufe bei den amerikanischen Polizeien nicht so entwickelten, wie von S&W erhofft, nahm man die Maschinenpistole Ende 1974 wieder aus dem Programm. In späteren Jahren tauchten noch einige mehr oder weniger erfolgreiche Nach-

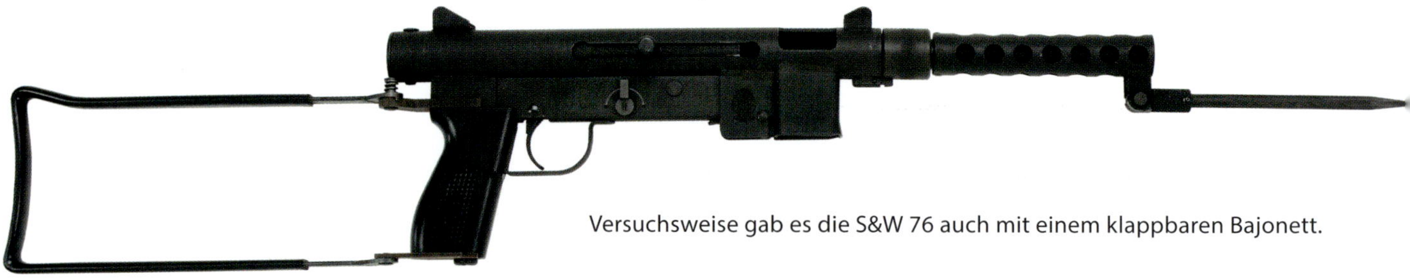

Versuchsweise gab es die S&W 76 auch mit einem klappbaren Bajonett.

Bei der Seriennummer T1208 versuchte S&W die Hülsenauswurföffnung mit einem klappbaren Staubschutzdeckel zu schließen.

Vietnam-Kämpfer mit S&W 76.

U.S. Marines bei der Erprobung des Modells 76 in Quantico. Im Hintergrund in Zivil zwei Vertreter von Smith & Wesson.

Die Versuche mit hülsenloser Munition und elektrischer Zündung führten zu keinem zufriedenstellenden Ergebnis.

ahmer auf dem Markt auf: 1983 erwarb die Firma MK Arms die Nachbaurechte von S&W und fertigte die Waffe als »MK760«. Die US-Navy versorgte sich eine Zeit lang bei MK Arms mit Ersatzteilen für ihre alten S&W 76, bis die Firma 1986 wegen des Firearm Owners Protection Acts ihren Betrieb einstellte. Global Arms vertrieb ab 1984 einen Nachbau als »M76A1«. Wenig erfolgreich verlief auch das Projekt »Omega 760 Carbine«, ein halbautomatischer Nachbau der Tactical Company aus Arizona.

Die S&W 76 im Einsatz beim Military Assistance Command (MACV-SOG).

Technische Daten:	
Smith & Wesson	S&W 76
Kaliber	9 x 19 mm
Länge (Schulterstütze eingeklappt)	570 mm
Länge (Schulterstütze ausgeklappt)	775 mm
Lauflänge	200 mm
Gewicht (ungeladen)	3,29 kg
Gewicht (geladen)	3,97 kg
Magazinkapazität	14, 24 und 36 Patronen
Feuerarten	Einzelfeuer, Dauerfeuer
Feuerrate	700–750 Schuss/min

Calico M960

Ende der 80er-Jahre versuchte die Firma Calico Light Weapons Systems aus dem kalifornischen Bakersfield, ein neuartiges Waffensystem auf dem Markt einzuführen. Die Waffe war modular aufgebaut und ließ sich durch das Anstecken von Bauteilen rasch von einer kurzen Pistole in eine Maschinenpistole oder ein Sturmgewehr umbauen. Gedacht waren die Calico-Waffen für Militär und Polizei und wurden auch mit viel Aufwand unter dem Motto »Revolution of Firepower« angepriesen.

Im Inneren der M960 arbeitet ein Rollenverschluss ähnlich wie bei der Heckler & Koch MP5. Drumherum finden sich hauptsächlich Leichtmetall- und Kunststoffteile. Nur Lauf und Verschluss bestehen aus Stahl. Das auffälligste Merkmal von Calicos Waffen ist ihr zylindrisches Schneckenmagazin. Es verleiht den Waffen ein futuristisches Aussehen und ist zudem sehr praktisch: Es steht kein langes Magazin hervor, und die Kapazität ist um ein Vielfaches höher als bei einem Stangenmagazin. Im Calico-Magazin befindet sich eine drehbare Spindel, auf der bis zu 100 9-mm-Patronen angeordnet sind. Beim Laden spannt sich automatisch eine Drehfeder. Bei jeder Verschlussbewegung dreht sich die Spindel ein Stückchen weiter, sodass die nächste Patrone zugeführt wird.

Trotz überzeugender Vorführungen blieb das Interesse von Seiten der Behörden aus, und bislang wurde noch kein Waffenmodell von Calico irgendwo eingeführt. Für den zivilen Markt entstanden einige Ausführungen im Kleinkaliber .22 lfB, aber auch hier entsprachen die Verkaufszahlen nicht den Erwartungen.

Die modular aufgebauten Waffen von Calico konnten sich bislang auf dem Markt nicht durchsetzen. Das zylindrische Schneckenmagazin kann bis zu 100 Patronen fassen.

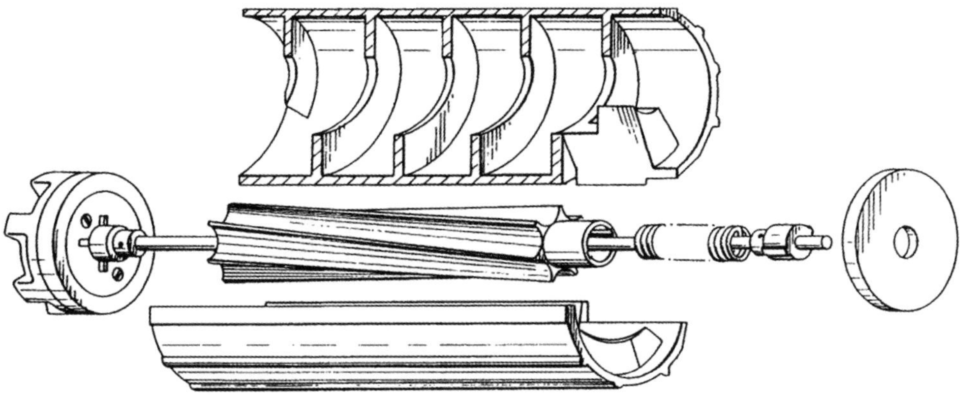

Detailansicht der Patronenanordnung im patentierten Calico-Schneckenmagazin.

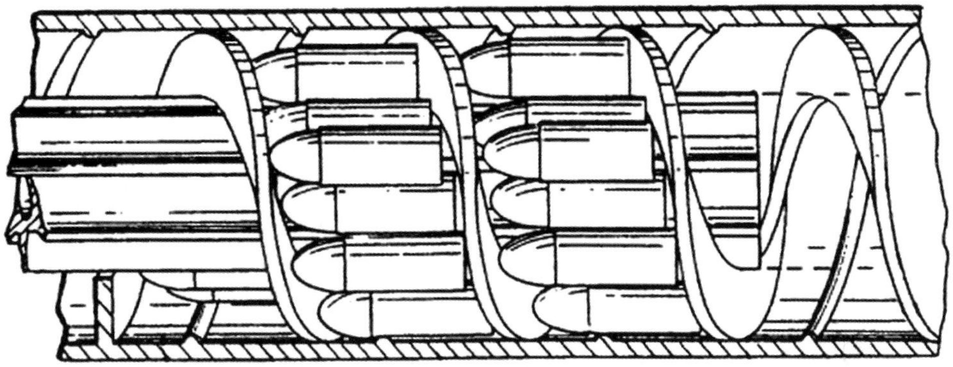

Calico Schneckenmagazin für 50 Schuss im Kaliber 9 x 19 mm.

Technische Daten:	
Calico Ligh Weapons Systems	M960
Produktionszeit	ab 1990
Kaliber	9 x 19 mm und .22 lfB
Länge (Schaft ausgezogen)	835 mm
Länge (Schaft eingeschoben)	647 mm
Lauflänge	330 mm
Gewicht (ungeladen)	2,17 kg
Magazinkapazität	50, 100 Patronen
Feuerarten	Einzelfeuer, Dauerfeuer
Feuerrate	750 Schuss/min

Israel

Uzi

Als Israel nach der Staatsgründung am 14. Mai 1948 plötzlich mit sämtlichen Nachbarländern im Krieg stand, mussten die eigenen Streitkräfte schnellstmöglich für diesen Waffengang ausgerüstet werden. Zum damaligen Zeitpunkt bestand die Bewaffnung hauptsächlich aus alten Weltkriegswaffen, ergänzt durch Nachbauten aus den bislang illegalen Untergrundwerkstätten. Auch die Tschechen lieferten ehemalige deutsche Karabiner 98k und MG 34. Doch für den Kampf wurde auch eine moderne Maschinenpistole benötigt. Und so begann Uziel Gal bei Israel Military Industries (IMI) mit der Entwicklung einer solchen Waffe. Das Unternehmen fungierte während der britischen Besatzungszeit als Waffen- und Munitionslieferant der jüdischen Untergrundbewegung Hagana und unterstand nun dem Verteidigungsministerium.
Die neue Waffe sollte laut Vorgaben möglichst kompakt sein und unempfindlich gegen Schmutz und den ständig präsenten Wüstensand – und natürlich sollte sie schnell und günstig mit einfachen Mitteln herzustellen sein. Gals größter Konkurrent war Major Chaim Kara, der zeitgleich für die Armee ebenfalls an einer Maschinenpistole arbeitete. Nach einer ausgiebigen Erprobung im Jahre 1951 machte Gals Entwurf das Rennen. Seine »Uzi« ist ein zuschießender Rückstoßlader mit unverriegeltem Masseverschluss. Der Verschluss umschließt den Lauf und besitzt einen festen Schlagbolzen. Durch diese clevere Gewichtsverteilung in Zusammenhang mit dem zentralen Griffstück ist die Waffe bei Feuerstößen gut ausbalanciert. Durch einen Schieber links im Daumenbereich kann die Uzi gesichert oder auf Einzel- bzw. Dauerfeuer geschaltet werden.
1953 begannen die Vorbereitungen zur Serienfertigung, die dann im Folgejahr anlief. Das erste Los von 700 Stück verfügte noch über eine komplette Holzschäftung an Griff und Gehäuse und einen Holzkolben. Nach einigen Verbesserungen lief dann 1955 die endgültige Serienfertigung an. Ihre große Bewährungsprobe absolvierte die Uzi im

Inzwischen weltbekannt: Uziel Gals »Uzi« entstand in einer schweren Zeit. Sie erwies sich als erfolgreicher Exportschlager und dürfte die heute wohl bekannteste Maschinenpistole sein.

Die Uzi lässt sich in wenige Hauptbestandteile zerlegen. Hier eine »MP Uzi Kal 9 mm« der Bundeswehr aus dem Jahre 1961, bevor sie offiziell »MP 2« getauft wurde.

Die Bundesrepublik Deutschland bestellte im März 1959 die ersten UZI-Maschinenpistolen für die Bundeswehr, wo sie später unter den Bezeichnungen MP 2 und MP 2 A1 geführt wurden.

Die frühen Uzis besaßen alle einen Holzschaft. Erst später entstand die heute so bekannte klapp- und faltbare Schulterstütze.

Eine iranische Spezialeinheit beim Waffendrill. Die Uzis sind alle mit Schalldämpfern ausgerüstet.

Ein Mitglied der Special Forces von Sri Lanka präsentiert bei einer Parade seine Mini-Uzi.

Zu Ausbildungszwecken konnte die Laufhaltemutter (hinten) durch ein Manöverpatronengerät (vorne) ersetzt werden. In der Ausnehmung im Vorderschaft ist die Bajonetthalterung zu erkennen, obwohl die Bundeswehr für die UZI nie ein Bajonett einführte. Die schwarze Kunststoffkappe diente als Staubschutz für die Mündung beim Marsch und Transport.

Auch die Micro-Uzi lässt sich mit allerlei Zubehör aufrüsten. So wie hier in Israel mit Schalldämpfer und darunter montiertem Laserzielgerät. Der Deckel verfügt zudem über eine Picatinny-Schiene.

Obwohl Argentinien seine eigene Maschinenpistole (FMK-3) produziert, erwarb unter anderem die Infanteria de Marina eine größere Menge der kompakten Micro-Uzi.

Fallschirmjäger der IDF mit ihren Uzis bei einer Parade im Jahre 1958.

Die Uzi verbreitete sich rund um den Globus, so wie hier in Nigeria.

Die Mini-Uzi eignet sich perfekt zum verdeckten Tragen.

Sinai-Krieg ab Oktober 1956. Erst Ende der 50er-Jahre entwarf ein anderer IMI-Konstrukteur namens Nizan Hakevy für die Fallschirmjäger den heute so typischen Klappschaft.

In Deutschland wurde die Uzi vor allem durch ihre Verwendung bei der Bundeswehr bekannt. Bereits in den Jahren 1955/57 hatte Simon Peres als Generaldirektor des Verteidigungsministeriums mit dem deutschen Verteidigungsminister Franz Josef Strauß erste Kontakte zum Thema Waffenbeschaffung geknüpft. Uziel Gal war damals persönlich anwesend, als Strauß bei einem geheim gehaltenen Besuch in Israel die Uzi vorgeführt wurde. Deutschland bestellte im März 1959 eine erste Lieferung über 35.000 Stück und im Folgejahr nochmals 15.000 Stück. Die Ausführung mit Festschaft erhielt die Bezeichnung MP 2 und die mit Klappschaft MP 2 A1. Die offizielle Einführungsverfügung bei der Bundeswehr trägt das

Datum 8. Juni 1959. Lange Zeit wurde 1964 als offizielles Einführungsjahr angegeben, da Deutschland erst 1965 offiziell diplomatische Beziehungen zu Israel aufnahm.
Ab 1981 wurde die Mini-Uzi als Maschinenpistole für polizeiliche und militärische Spezialeinheiten entwickelt und seit 1982 produziert. Sie ist leichter und kürzer als die ursprüngliche Uzi und somit perfekt zum verdeckten Tragen geeignet. Außerdem verfügt sie über eine seitlich umklappbare Schulterstütze, die als zweiter Pistolengriff genutzt werden kann. Zwei Schlitze oben im verkürzten Lauf wirken als Kompensator gegen das Steigen der Mündung bei Feuerstößen.
Nur geringfügig größer als eine Pistole ist die Micro-Uzi. Sie wiegt nur noch 2 kg und ist mit angeklappter Schulterstütze gerade einmal 25 cm lang. Der auf 117 mm gekürzte Lauf ist kein Präzisionswunder, zumal die Feuergeschwindigkeit bei zirka 1.250 Schuss pro Minute liegt. Dafür musste der Verschluss zusätzlich mit Wolframeinlagen beschwert werden, sonst wäre die Waffe noch viel schneller. Die Micro-Uzi wird auch im Kaliber .45 ACP mit 16-Schuss-Magazin auf dem Markt angeboten.

Auf ein absolutes Minimum reduziert ist die Micro-Uzi.

Technische Daten:			
Israel Military Industries (IMI)	Uzi	mini	micro
Produktionszeit	ab 1954	ab 1982	ab 1986
Kaliber	9 x 19 mm, .45 ACP		
Länge (Holzschaft)	650 mm	---	----
Länge (Klappschaft ausgeklappt)	650 mm	600 mm	460 mm
Länge (Klappschaft eingeklappt)	470 mm	360 mm	250 mm
Lauflänge	260 mm	197 mm	117 mm
Gewicht (ungeladen)	3,6 kg	3,0 kg	2,1 kg
Magazinkapazität	20, 25, 32, 40 Patronen	20, 25, 32 Patr.	20 Patr.
Feuerarten	Einzelfeuer, Dauerfeuer		
Feuerrate	600 Schuss/min	950 Schuss/min	1.250 Schuss/min
Visier	Klappkimme 100 und 200 Meter		

Andere

Argentinien: P.A.M.1 & 2 und FMK-3

Argentinien war im Zweiten Weltkrieg offiziell neutral, sympathisierte jedoch von Anfang an mit dem Deutschen Reich. Erst auf massiven Druck der USA erklärte Argentinien im März 1945 dem Deutschen Reich den Krieg. Es war das letzte Land der Welt, das dies tat. Im Juni 1945 wurde Argentinien Gründungsmitglied der Vereinten Nationen (UN). Zu dieser Zeit verfolgte das argentinische Militär bereits ehrgeizige Pläne, die vor allem die Entwicklung neuer Waffen im eigenen Land sowie den Einstieg in die Nukleartechnologie vorsahen.
Anfang der 50er-Jahre erwarb die Fábrica Militar de Armas Portátiles »Domingo Matheu« (FMAP DM) die Rechte zur Lizenzfertigung der amerikanischen Maschinenpistole M3A1. Die Waffe besteht größtenteils aus 1,5 mm dickem Stahlblech, das in Form gepresst wurde. Nur zwei Hauptteile benötigten eine umfangreichere Bearbeitung: Lauf und Verschluss aus Vollmaterial. Diese leicht zu fertigende Waffe weckte Interesse beim argentinischen Militär, und FMAP erhielt einen Entwicklungsauftrag. Als Kaliber wählte man 9 x 19 mm. Ende 1950 konnten unter Leitung des italienischen Waffenkonstrukteurs Eduardo Sustercic die kompletten Zeichnungen für die neue »Pistola Ametralladora P.A.M.1« fertiggestellt werden. Der argentinische Nachbau misst zirka 7/8 der originalen M3A1 und ist über ein halbes Kilogramm leichter.

Nach der Fertigstellung der Pläne ging es nur noch langsam voran. Das Einrichten der Fertigungsstätte erwies sich als mühsam, und personelle und räumliche Engpässe verzögerten den Anlauf der Serienfertigung bis in das Jahr 1954. Zur Vermeidung von Unfällen erhielt die Waffe nachträglich eine Griffsicherung hinter dem Magazinschacht. Der längliche Sicherungshebel reicht dabei ins Gehäuse hinein, wo er mit einem gefederten Verschlussfangelement verbunden ist. Erst nach Druck auf den Sicherungshebel wird der Verschluss freigegeben. Dieses verbesserte Modell erhielt die Bezeichnung »Pistola Ametralladora P.A.M.2«. Die Gesamtfer-

Argentinien fertigte nach dem Krieg eine fast identische Kopie der amerikanischen »Grease Gun« M3A1.

Zum Entnehmen des Verschlusses der PAM 1 und 2 muss nur der Lauf abgeschraubt werden.

Die meisten PAM 1 wurden nachträglich mit der Griffsicherung ausgestattet.

tigung belief sich auf 34.636 P.A.M.1, von denen 16.544 Stück nachträglich zum Modell P.A.M.2 umgebaut wurden. Lediglich 1.100 Waffen liefen schon als P.A.M.2 vom Band.

Die Einführung der Maschinenpistole PA3(DM) als »FMK-3« im Jahre 1974 bedeutete das langsame Ende der P.A.M.2. Diese kompakte Waffe war Ende der 60er-Jahre von der Fábrica Militar de Armas Portátiles »Domingo Matheu« als mögliche Nachfolgerin entwickelt worden. Mit ihrem im Griffstück integrierten Magazinschacht, dem Teleskopverschluss und dem röhrenförmigen Gehäuse ähnelt sie der tschechischen vz.23. Etwa 30.000 Stück wurden bis 1991 hergestellt. Dennoch blieb die P.A.M.2 noch viele Jahre im aktiven Dienst und kam auch bei den Kämpfen um die Falkland-Inseln (Guerra de las Malvinas) von April bis Juni 1982 zum Einsatz.

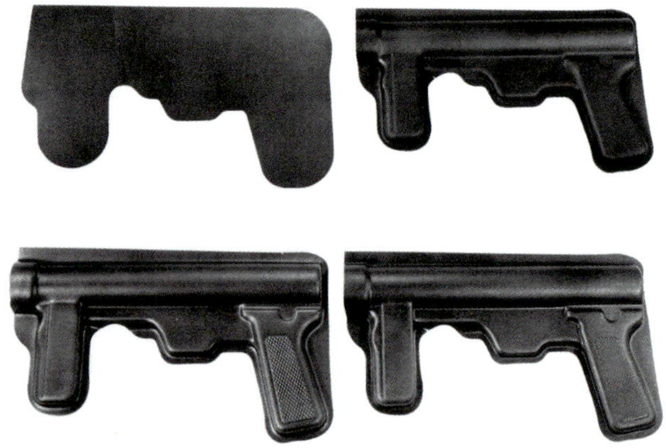

Oben: Die Waffe besteht zum größten Teil aus geformtem Blech. Hier die ersten vier Arbeitsschritte beim Pressen der linken Gehäusehälfte.

Links: Argentinier auf den Falkland Inseln. Der Soldat im Vordergrund hält eine PAM 2.

Auch die argentinische Polizei lernte die FMK-3 schnell zu schätzen und verwendet sie noch heute.

Für den harten Einsatz bei der Polizei erhielten viele FMK-3 verstärkte Schulterstützen. Man beachte die auf dem Boden liegende Ramme zum gewaltsamen Öffnen von Türen.

Argentinisches Militär bei Schießübungen mit der FMK-3.

Die FMK-3 ist durch den zentralen Magazinschacht wesentlich besser ausbalanciert als die betagte P.A.M.

Ab 1974 erhielten Polizei und Militär mit der FMK-3 eine zeitgemäße moderne Maschinenpistole.

Technische Daten:		
Fábrica Militar de Armas Portátiles	P.A.M.2	FMK-3
Produktionszeit	1954–1972	1974–1991
Kaliber	9 x 19 mm	9 x 19 mm
Länge (Schulterstütze ausgezogen)	725 mm	693 mm
Länge (Schulterstütze eingeschoben)	535 mm	523 mm
Lauflänge	200 mm	290 mm
Gewicht (ungeladen)	3,23 kg	3,4 kg
Magazinkapazität	30 Patronen	25, 32 und 40 Patronen
Visier	Klappvisier 50 und 100 Meter	=
Feuerrate	450 Schuss/min	650 Schuss/min

China: Typ 64

Mitte der 60er-Jahre ließ China für seine Spezialeinheiten eine schallgedämpfte Maschinenpistole entwickeln. Die Firma China North Industries Corporation, kurz NORINCO, kombinierte dafür Elemente von bewährten Waffen, und 1966 ging das Ergebnis als Typ 64 in die Serienfertigung.
Im Unterschied zu anderen schallgedämpften Maschinenpistolen handelt es sich bei dieser Waffe nicht um eine nachträglich mit einem Schalldämpfer ausgestattete Standardwaffe. Der Schalldämpfer ist vielmehr integraler Bestandteil der Konstruktion. Er wird über den Lauf geschoben und direkt in das Gehäuse eingeschraubt. Auf diese Weise hält er auch gleich den Lauf fest. An den Enden des Schalldämpfers sind Kimme und Korn angebracht. Interessanterweise verschießt die Waffe keine Unterschallmunition, sondern die normale 7,62 x 25 mm Typ 51 aus chinesischer Fertigung. Der Knall wird somit nur abgeschwächt und ist trotzdem noch gut zu hören. Dafür verfügt die Patrone allerdings noch über eine ausreichende Mündungsgeschwindigkeit und eine höhere Durchschlagskraft.

Das Gehäuse der Typ 64 aus Blechprägeteilen stammt mitsamt dem Unterklappschaft von der chinesischen AKS. Darin arbeitet ein Verschluss ähnlich der im Zweiten Weltkrieg millionenfach hergestellten russischen PPS 43. Das Gehäuseoberteil lässt sich abnehmen, um Verschluss, Schließfeder und Kunststoffpuffer zu entnehmen. Die Abzugseinheit weist eine starke Ähnlichkeit mit der Mechanik des tschechischen leichten Maschinengewehrs ZB vz. 26 auf, allerdings mit Blech- statt

Chinas Eigenentwicklung Typ 64 wurde als reine Schalldämpferwaffe konstruiert. Die Waffe verschießt normale Überschallmunition.

Der Lauf ist spiralförmig angebohrt, damit ein Teil der Verbrennungsgase in die Kammer des Schalldämpfers entweichen kann. Feuerstöße sind möglich, nutzen den Dämpfer aber schnell ab.

Frästeilen. Über einen Feuerwahlhebel kann zwischen Einzel- und Dauerfeuer umgeschaltet werden. Für eine schallgedämpfte Maschinenpistole ist das sehr ungewöhnlich, denn häufige Feuerstöße sorgten für übermäßigen Verschleiß des Dämpfers. Mit etwa 1.000 Schuss pro Minute ist die Feuergeschwindigkeit zudem extrem hoch und das Magazin mit 30 Patronen schnell leer.
Für eine »Spezialwaffe« ist der Typ 64 äußerst einfach aufgebaut, ohne technische Raffinesse. Aber anscheinend war das für den Einsatzzweck ausreichend, denn die Chinesen verwendeten die Waffe lange Jahre in größerer Stückzahl bei Polizei und Militär. Erst 1985 wurde als Nachfolger eine schallgedämpfte Ausführung der Maschinenpistole Typ 85 eingeführt. Diese verschoss dann auch eine Unterschallmunition im Kaliber 7,62 x 25 mm Typ 64.

Das Nachfolgemodell Typ 85 verschießt zur besseren Schalldämpfung eine chinesische Unterschallmunition im Kaliber 7,62 x 25 mm.

Technische Daten:	
NORINCO, Peking	Typ 64
Produktionszeit	1966–1985
Kaliber	7,62 x 25 mm Typ 51
Länge (Schulterstütze ausgeklappt)	843 mm
Länge (Schulterstütze eingeklappt)	635 mm
Lauflänge	244 mm
Gewicht (ungeladen)	3,4 kg
Magazinkapazität	30 Patronen
Feuerarten	Einzelfeuer, Dauerfeuer
Feuerrate	1.000 Schuss/min
Visier	Klappkimmen für 100 und 200 Meter

Dänemark: Madsen M-46, M-50 und M-53

Das Unternehmen Dansk Industri Syndikat mit Sitz in Kopenhagen fertigt schon seit 1900 Waffen für die dänischen Streitkräfte. Neben Maschinengewehren entstanden dort auch Sturmgewehre und Panzerbüchsen. Bekannt ist die Firma weltweit unter dem Namen Madsen, nach dem Firmengründer, Offizier, Kriegsminister und Erfinder Vilhelm Herman Oluf Madsen.

Bereits sehr früh nach dem Zweiten Weltkrieg wagte sich die Firma mit der Entwicklung einer eigenen Maschinenpistole auf neues Terrain. Unbelastet von früheren Konstruktionen entstand mit der M-46 eine konventionell als Rückstoßlader funktionierende Waffe mit einigen Besonderheiten. Bis auf Lauf und Verschluss bestehen fast alle Teile aus geformtem Blech. Oben auf dem kantigen Gehäuse bewegt sich ein beidseitig bedienbarer Spannschieber. Hinter dem Magazinschacht liegt eine Griffsicherung, deren Hebel erst beim Umfassen des Magazinschachts mit der Hand nach vorne gedrückt wird. Dies hat allerdings den Nachteil, dass die Waffe nicht einhändig geschossen werden kann.

Das ungewöhnlichste Merkmal ist jedoch die Art, wie sich die Waffe zerlegen lässt: Man schraubt die Laufhaltemutter ab, zieht den Lauf heraus, entfernt den Spannschieber und klappt dann das Gehäuse der Länge nach seitlich auf. Quasi wie ein Buch. Nun liegen alle Innenteile in der rechten Gehäusehälfte vor einem und können entnommen werden. Die beiden Scharniere dienen gleichzeitig als Befestigungspunkte für die klappbare Schulterstütze. Im

Aus dem Projekt P.16 entstand das Modell 1946, erkennbar am breiten Spannschieber.

Die Madsen-MP lässt sich zum Reinigen bequem aufklappen.

Die Amerikaner rüsteten in Vietnam viele Hilfswillige mit europäischen Waffen aus, wie hier mit der Madsen M-50.

Abbildung der M-50 im Liegendanschlag aus der dänischen Dienstvorschrift.

Beim Drücken der L-förmigen Griffsicherung senkt sich die Sperre und der Verschluss gleitet darüber hinweg.

Das Modell 1950 (M-50) erhielt einen vereinfachten Spanngriff in Knopfform und einen simplen Blechstreifen als feste Lochkimme.

Mit dem Modell M-53 erfolgte die Umstellung auf gebogene Magazine. Auch Kimme, Korn, Spanngriff und andere Kleinigkeiten wurden nochmals überarbeitet.

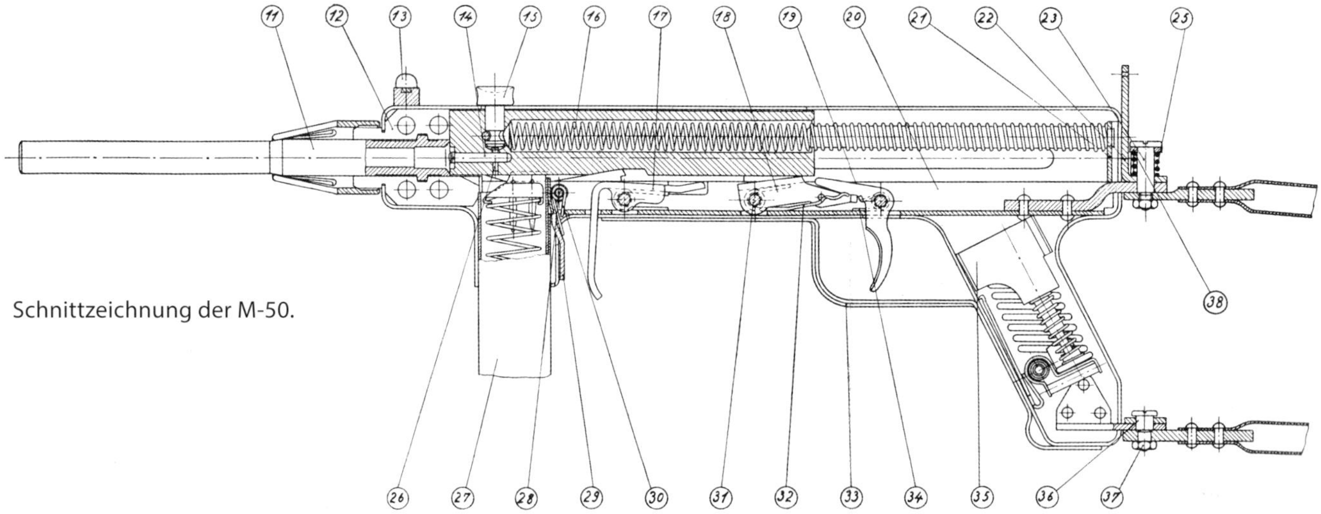

Schnittzeichnung der M-50.

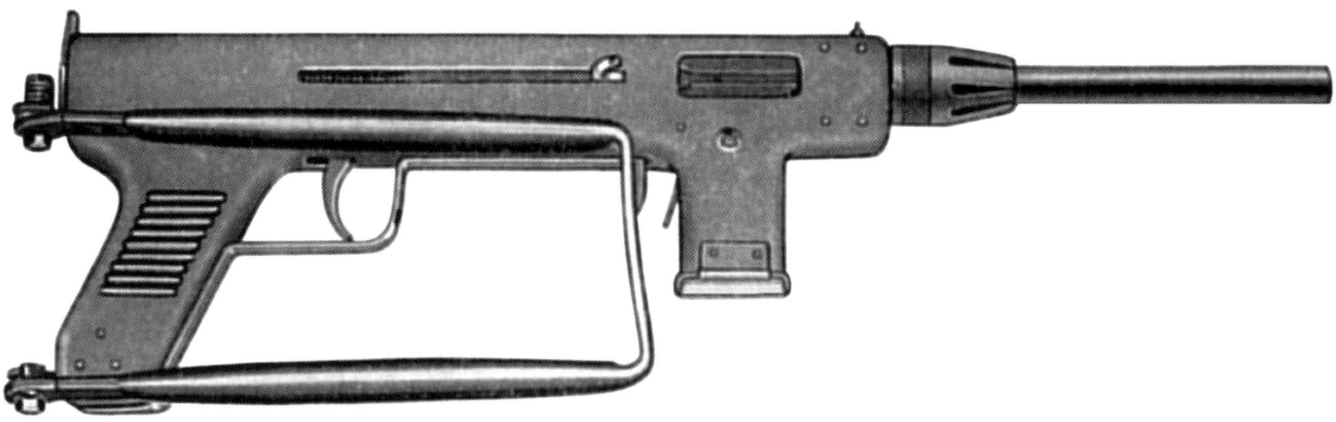

Die brasilianische Lizenzfertigung ist am Spanngriff auf der rechten Seite erkennbar.

Die Taiwanesen verwendeten unter anderem die finnische Suomi M/31 (hinten) und die dänische Madsen M-50 (vorne).

Das Modell 50 wurde für Madsen zum Exportschlager. Größere Stückzahlen gingen unter anderem nach Asien.

holen Griffstück ist zudem ein entnehmbarer Magazinlader untergebracht.
Ein paar Modifikationen führten schließlich zum Modell M-50. Unter anderem musste jetzt zum Zerlegen der geänderte Spanngriff nicht mehr entfernt werden. Dieses Modell verkaufte sich nicht nur im eigenen Land sehr gut, sondern avancierte auch zum Exportschlager. Vor allem asiatische und südamerikanische Länder kauften große Mengen davon für Polizei und Militär. In Brasilien fertigte die Industria National de Armas SA in São Paulo die Maschinenpistole unter Lizenz im Kaliber .45 ACP als INA Model 953. Ein paar Jahre später legte Madsen mit der überarbeiteten Ausführung M-53 nach. Ihr Hauptmerkmal ist das gebogene Magazin, welches eine verbesserte Zuführung der Patronen gewährleistet. Zudem kann eine alternative Laufhaltemutter in Verbindung mit einem gelochten Laufmantel und integrierter Bajonetthalterung verwendet werden.

Technische Daten:	
Dansk Industri Syndikat (DISA)	M-50
Produktionszeit	1950–1985
Kaliber	9 x 19 mm
Länge (Schaft eingeklappt)	530 mm
Länge (Schaft ausgeklappt)	795 mm
Lauflänge	200 mm
Gewicht (ungeladen)	3,15 kg
Magazinkapazität	32 Patronen
Feuerarten	Dauerfeuer
Feuerrate	550 Schuss/min
Visier	Lochkimme 100 Meter

Großbritannien: Sterling

Obwohl die Geschichte der Sterling schon während des Zweiten Weltkriegs begann, erlangte sie erst sehr viel später ihren hohen Bekanntheitsgrad. Während des Krieges nutzten die Engländer vor allem ihre schnell und billig herzustellende Sten in diversen Variationen. Dennoch zeigte der Generalstab auch Interesse an einer qualitativ hochwertigeren Alternative und rang sich 1944 zur Zusammenstellung der technischen Anforderungen durch. Die Waffe sollte beispielsweise nicht mehr als 2,7 kg wiegen und eine Feuerrate von nicht mehr als 500 Schuss/min aufweisen.

George William Patchett, der damalige Chefkonstrukteur der Sterling Armaments Company in Dagenham, machte sich unverzüglich an die Arbeit und konnte bereits im selben Jahr einen Prototyp vorstellen. Die Armee zeigte sich zufrieden, die Waffe war für eine MP sehr präzise, und es traten kaum Störungen auf. Nach einigen Veränderungen erhielt die Firma Sterling einen Auftrag über 120 Exemplare für einen größeren Truppenversuch. Der Krieg neigte sich derweil dem Ende zu, aber einige dieser Versuchsstücke kamen als »Patchett Machine Carbine Mk 1« noch bei den Luftlandeeinheiten in Arnheim und anderen Gefechten in Deutschland zum Einsatz.

Nach dem Krieg füllten tausende von Stens die Waffenlager, und das Interesse an der Einführung einer neuen Maschinenpistole war verständlicherweise gering. Erst 1947 wurde nochmals ein Vergleichstest verschiedener MPs durchgeführt, bei dem die Patchett abermals ihre Überlegenheit zeigen konnte. Doch wieder gingen ein paar Jahre ins Land, bis sich die Armee 1951 endlich zur Einführung entschloss. Ab 1953 ersetzte dann die neue »Sub-Machine Gun L2A1« allmählich die betagten Stens. Im allgemeinen Sprachgebrauch nannte man sie einfach die Sterling. Später folgten noch eine Version mit Schalldämpfer (L34A1), halbautomatische Modelle für die Polizei und eine Kurzversion (Mk 7) für Spezialeinheiten. Ein Bajonett lässt sich zwar aufpflanzen, aber es wurde weit überweigend nur für zeremonielle Zwecke verwendet.

Die Herstellung der Sterling war relativ einfach, es gab keine komplizierte Mechanik. Dafür verfügt die Waffe über ein paar konstruktive Besonderheiten: Rund um den Verschluss sind spiralförmig tiefe Rillen eingefräst, die Verschmutzungen beiseiteschieben. Eine doppelte Schließfeder sorgt für sanftere Verschlussbewegungen. Und die Zündung der Patrone erfolgt, noch bevor sie sich vollständig

Kurz vor Kriegsende kam sie noch zum Einsatz, aber eingeführt wurde sie erst 1951: die L2A1, besser bekannt als Sterling.

Prinz Charles lässt sich 1970 beim Besuch einer Einheit britischer Fallschirmjäger die Sterling erklären.

Ihren ersten Großeinsatz im Kampf hatte die Sterling im Falklandkrieg 1982.

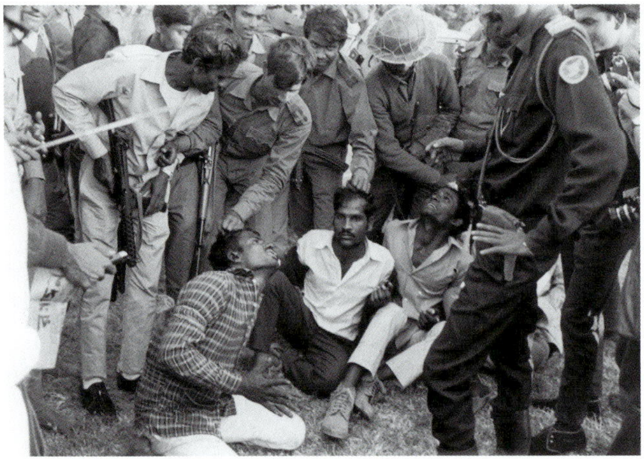

Durch die britische Präsenz fand die Sterling weite Verbreitung im asiatischen Raum. Hier einige Freiheitskämpfer der Mukti Bahini im Bangladesch-Krieg 1971.

In der geteilten Stadt Nicosia auf Zypern posieren Polizisten mit ihren Sterlings für den Pressefotografen.

Auch die malaysische Polizei führte die Sterling ein. Hier bei einer Parade in Kuala Lumpur.

Ein gestelltes »Actionfoto« der indischen Marine, denn in der Waffe steckt kein Magazin.

Auf die Sterling kann auch ein Bajonett aufgepflanzt werden. Im Kampf macht dies allerdings wenig Sinn und dient mehr zur Schau bei Paraden.

Die Sterling war hochwertiger verarbeitet als die Sten-MPs. Großbritannien fertigte ab 1953 über 400.000 Stück.

Die spiralförmigen Einfräsungen schieben Verschmutzungen im Waffeninneren auf die Seite und verhindern ein Blockieren des Verschlusses.

im Patronenlager befindet. Diese »Advanced Primer Ignition« bewirkt, dass nicht nur das reine Verschlussgewicht zur Abstützung der Patronenhülse genutzt wird, sondern zusätzlich auch der Vorwärtsschwung. Somit kann ein leichterer Verschluss verwendet werden.

In der Zeit von 1953 bis zum Produktionsstopp 1988 wurden über 400.000 Sterlings hergestellt. Neben Sterling in Dagenham lief auch bei den Royal Ordnance Factories (ROF) in Fazakerley eine Fertigung. Noch heute werden dort Ersatzteile produziert, um die Sterlings einsatzfähig zu halten.

Großen Anklang fand die Sterling auch im Ausland. Unter Lizenz fertigte Kanada die Waffe als »9 mm C1« bei Canadian Arsenals Limited, und Nepal als »Sub-Machine Gun Carbine 9 mm 1A1« bei der Indian Ordnance Factory in Kanpur. Die schallgedämpfte Ausführung kam in Nepal als 2A1 zum Einsatz.

Technische Daten:	
Sterling Armaments Company	L2A1
Produktionszeit	ab 1941
Kaliber	9 x 19 mm
Länge (Schaft eingeklappt)	481 mm
Länge (Schaft ausgeklappt)	686 mm
Lauflänge	196 mm
Gewicht (ungeladen)	2,7 kg
Gewicht (geladen)	3,5 kg
Magazinkapazität	34 Patronen
Feuerarten	Einzelfeuer, Dauerfeuer
Feuerrate	550 Schuss/min
Visier	Klappkimme 100 und 200 Yards

Schweden: Kulsprutepistol m/45 »Carl Gustaf«

Zu Beginn des Zweiten Weltkriegs war die schwedische Armee mit Maschinenpistolen finnischen Ursprungs ausgerüstet. Doch die robusten »Suomis« waren teuer. Auch die eigenen Lizenzfertigungen entsprachen nicht mehr dem, was zu dieser Zeit fertigungstechnisch machbar war. Mitten im Krieg begann deshalb die Suche nach einer neuen, einfachen und billigen Maschinenpistole. Anfang 1944 wurden von der Armee zwei verschiedene Modelle für Versuchszwecke angekauft. Am Ende konnte sich der Entwurf der staatlichen Förenade Fabriksverken (FFV) durchsetzen.

Die Serienfertigung der nun offiziell als »Kulsprutepistol m/45« (kurz »kpist m/45«) bezeichneten Maschinenpistole wurde an die zu den FFV gehörende Carl Gustafs Stads Gevärsfaktori in Eskilstuna übergeben. Für einen Einsatz im Zweiten Weltkrieg kam die neue Waffe zu spät. Zum Zeitpunkt ihrer Einführung im Herbst des Jahres 1945 waren die Kampfhandlungen in Europa bereits zu Ende gegangen.

Die m/45 war sehr einfach aufgebaut: Gehäuse, Laufmantel, Abzug, Abzugsbügel und Klappschaft sind aus Stahlblech geformt. Die klobigen, glatten Griffschalen bestehen aus Holz. Es ist offensichtlich, bei wem sich die schwedischen Konstrukteure überall Anregungen geholt hatten. Der Lauf sitzt nur eingesteckt im Gehäuse, eine Nase mit entsprechender Ausfräsung fixiert ihn stets in der gleichen Position und verhindert ein Verdrehen. Er wird durch einen bis zur Mündung reichenden Laufmantel mit Kühlungslöchern im Gehäuse gehalten. Zum Zerlegen für die Reinigung muss nur die Überwurfmutter abgeschraubt werden. Das röhrenförmige Gehäuse ist nach hinten offen. Eine runde Abdeckkappe ähnlich der finnischen Suomi verschließt es mit einfachem Bajonettverschluss, der unter dem Druck der Schließfeder verriegelt. Doch ganz unproblematisch war diese in drei Aussparungen im Rohr einhakende Kappe nicht. Sie machte sich mitunter selbstständig, sodass an den späteren Ausführungen oben auf dem Gehäuse eine

Die schwedische m/45 mit diversen Magazinen, Magazinladern, Hülsenfangsack, Nachtzielhilfe und Handbüchern.

Die Kulsprutepistol m/45 war Anfang 1945 fertig entwickelt. Nach dem Krieg begann ihr kommerzieller Siegeszug um die Welt, vom Dschungel Vietnams bis zur ägyptischen Wüste.

Die m/45 lässt sich schnell und einfach ohne Werkzeug zerlegen. Ihr abnehmbarer Magazinschacht ermöglicht sogar die Verwendung von Trommelmagazinen.

Schwedische Soldaten bei der Festnahme von Rebellen im Kongo 1961. Die umgehängte m/45C ist gespannt und gesichert.

Das Attentat auf Anwar as-Sadat geschah vor laufenden Kameras: Ein Attentäter feuert mit seiner Port Said auf die Ehrentribüne.

Die ägyptische »Port Said« war kaum vom schwedischen Original zu unterscheiden. Sogar der abnehmbare Magazinschacht wurde kopiert.

Zusatzhalterung für die Kappe aufgenietet wurde. Die m/45 konnte dank des seitlich offenen Magazinschachts die knapp 1,5 kg schwere 70-Schuss-Trommel der finnischen Suomi bzw. der schwedischen m/37-39 aufnehmen. Regulär diente das schwedische 50-Schuss-Kastenmagazin, oftmals auch »Sarg« genannt, als Standardausstattung. Robust gebaut, wiegt das Magazin leer schon 390 Gramm und kommt gefüllt auf über 1 kg Gewicht. Erst Mitte der 60er-Jahre wurde dieses Magazin von der schwedischen Armee durch ein zweireihiges Stangenmagazin für 36 Patronen ersetzt.
Für Schweden war die m/45 ein Exportschlager. Ägypten erwarb 1951 die Lizenzrechte zum Nachbau, und Maadi Military & Civil Industries in einem Vorort von Kairo fertigte sie dann als »Port Said«. Radikale Islamisten der Gruppe Al-Dschihad ermordeten mit diesen ägyptischen MPs im Oktober 1981 während einer Parade den ägyptischen Staatschef und Friedensnobelpreisträger Muhammad Anwar as-Sadat vor den laufenden Kameras der Weltpresse. Ein anderer Großkunde waren unter anderem die USA, die die Waffe in Vietnam einsetzten. Ihre Zuverlässigkeit auch unter widrigen Umständen führte zu einem nahezu legendären Ruf der »Swedish K«, wie sie von den Amerikanern genannt wurde. Spezialeinheiten wie die Special Forces oder auch CIA-Agenten benutzten zudem gerne Fremdgerät, welches nicht gleich als amerikanisch erkennbar war.

Technische Daten:	
Carl Gustafs Stads Gevärsfaktori	m/45
Produktionszeit	1945–1964
Kaliber	9 x 19 mm
Länge (Stütze eingeklappt)	550 mm
Länge (Stütze ausgeklappt)	808 mm
Lauflänge	213 mm
Gewicht (ungeladen)	3,35 kg
Gewicht 70-Schuss-Trommel	1,48 kg
Gewicht 50-Schuss-Kastenmagazin	1,02 kg
Gewicht 36-Schuss-Stangenmagazin	0,85 kg
Magazinkapazität	36, 50 und 70 Patronen
Visier	Klappvisier 100, 200 und 300 Meter
Feuerrate	500–600 Schuss/min

Spanien: Star Z-62, Z-70 und Z-84

Nach dem Krieg besaß Spanien eine größere Menge der Star Z-45. Diese Maschinenpistole war noch kurz vor Kriegsende von der Firma STAR Bonifacio Echeverría SA in Eibar im Baskenland konstruiert und auch in den Nachkriegsjahren weitergebaut worden. Sie war im Grunde ein etwas verbesserter Nachbau der deutschen MP 40. Anfang der 60er-Jahre suchte die spanische Polizei nach einer zeitgemäßen Alternative und somit legte STAR mit einem neuen Modell nach.

Die spanische Nationalgarde, Polizei und Armee führten 1963 das Modell Z-62 offiziell ein. Für die Verwendung in Spanien waren die Waffen natürlich für das Kaliber 9 x 23 mm Largo eingerichtet, die Exportwaffen als Modell Z-63 dagegen für 9 x 19 mm Parabellum. Die Waffe war ein zuschießender Rückstoßlader mit einer niedrigen Feuergeschwindigkeit von nur 550 Schuss/Minute. Die nach unten abklappbare Schulterstütze hakt im perforierten Laufmantel ein und dient so als Handgriff. Technisch interessant ist der Abzugsmechanismus: Drückt man den oberen Teil des Abzugs, schießt die Waffe Dauerfeuer, beim Druck auf den unteren Teil schießt sie Einzelfeuer. So sparte man sich einen Feuerwahlhebel. Diese schlaue Idee funktionierte zwar auf dem Schießstand, aber leider nicht bei Einsätzen unter Stress und Hektik. Zu leicht erwischte der Schütze die falsche Stelle des Abzugs.

Beim Nachfolgemodell Z-70 war deshalb wieder ein konventioneller Feuerwahlhebel eingebaut. Auch die Druckknopfsicherung wurde durch eine einfache Hebelsicherung ersetzt. Ansonsten beschränkten sich die Veränderungen auf Kleinigkeiten, die

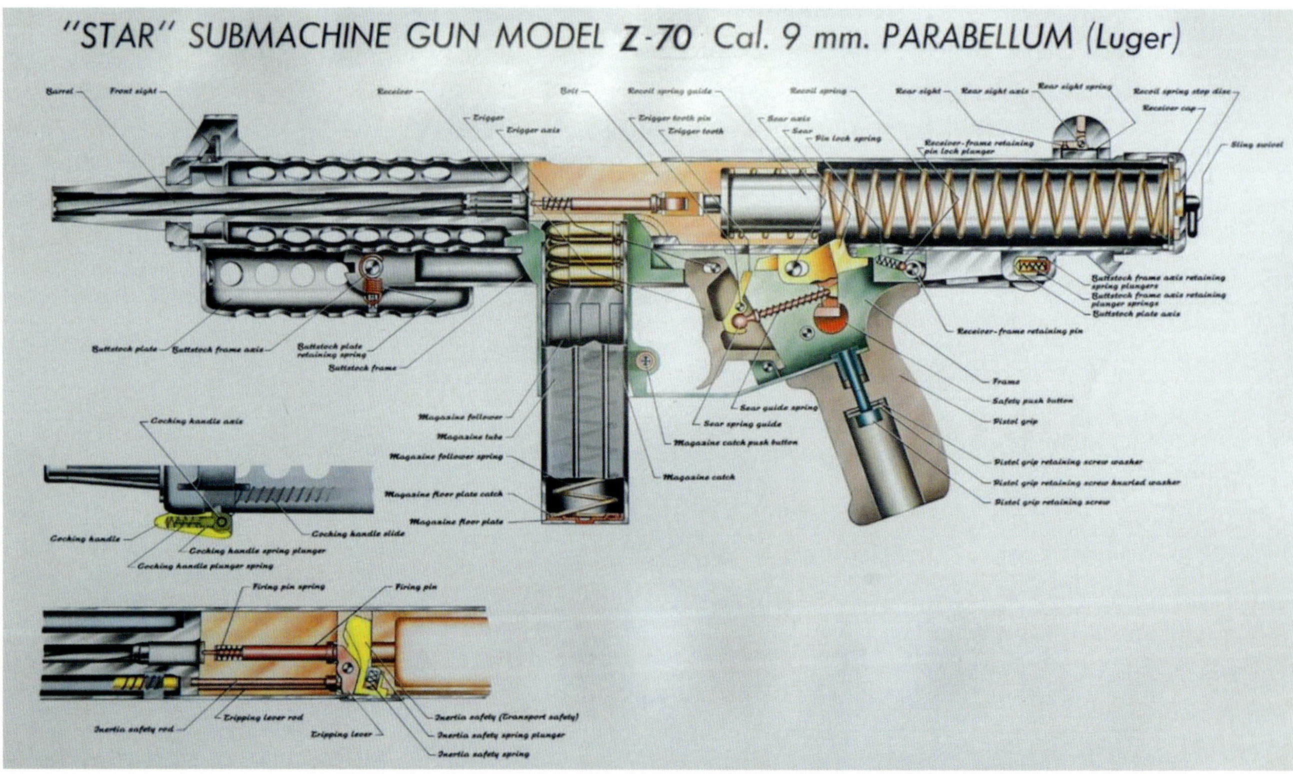

Ausbildungstafel für die Z-70 der spanischen Firma STAR Bonifacio Echeverría SA aus dem Baskenland.

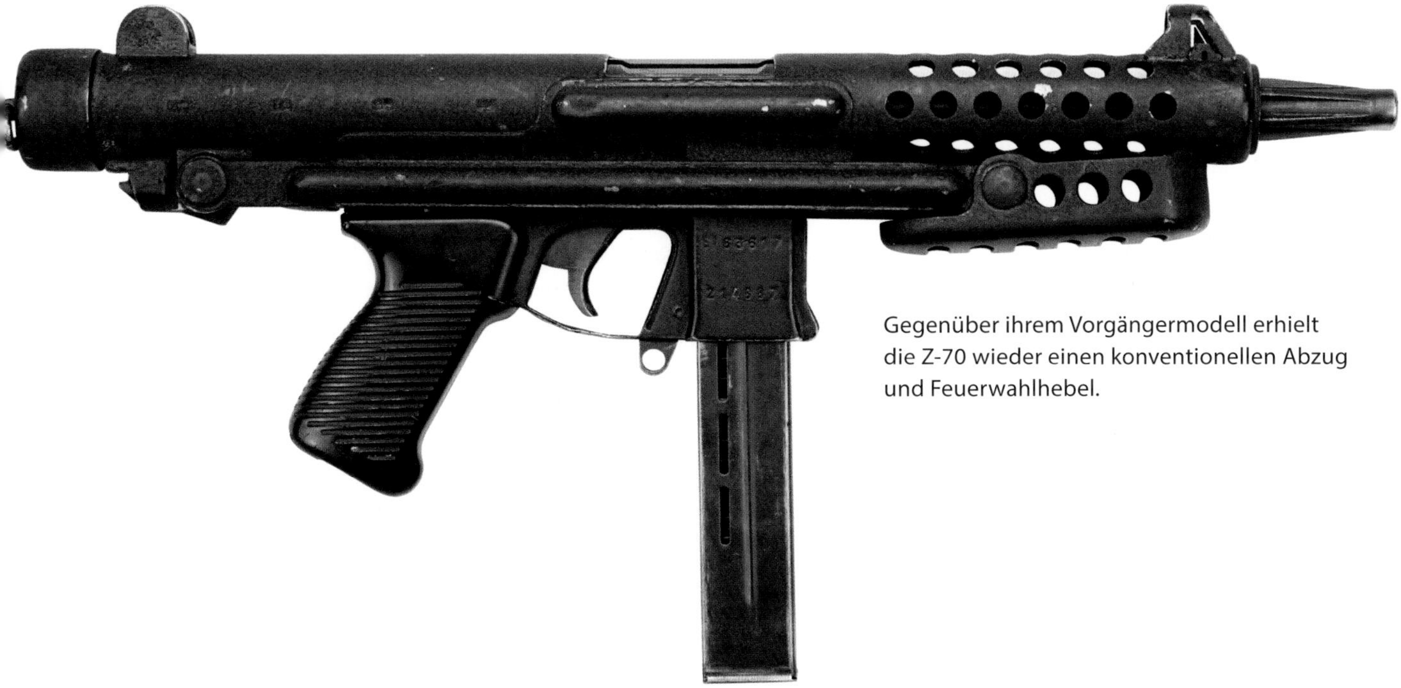

Gegenüber ihrem Vorgängermodell erhielt die Z-70 wieder einen konventionellen Abzug und Feuerwahlhebel.

Die Z-70 in ihre Hauptbestandteile zerlegt. Der Lauf verriegelt durch Drehung im Gehäuse.

Unter dem Einfluss der israelischen Uzi entstand das Nachfolgemodell Z-84 mit zentralem Pistolengriff.

in erster Linie die Produktion vereinfachten und manche Verschleißteile langlebiger machten.
Die Z-70 blieb bis Mitte der 80er-Jahre im Dienst. Mit dem Erscheinen der israelischen Uzi erkannte auch STAR, dass die Zeiten von aufwendigen Gehäusen aus Frästeilen vorbei waren. Und so entstand die Z-75 mit eckigem Gehäuse aus Blech, Teleskop-Verschluss und mittig platziertem Griffstück mit integriertem Magazinschacht. Auch Militär und Behörden zeigten sich wieder interessiert. Diesmal allerdings in einem anderen Kaliber, nämlich 9 x 19 mm Parabellum. Nach ein paar Anpassungen wurde die Waffe als Z-84 eingeführt.

Die Kampfschwimmer der Unidad Especial de Buceadores de Combate (UEBC) schätzen die Star Z-84 wegen ihrer Robustheit unter widrigen Bedingungen.

Das traditionsreiche, Ende des 19. Jahrhunderts gegründete Unternehmen Bonifacio Echeverría SA geriet Anfang der 90er-Jahre in wirtschaftliche Schwierigkeiten und musste schließlich 1997 Konkurs anmelden. Damit endete ein bedeutendes Kapitel im spanischen Waffenbau.

Technische Daten:		
STAR Bonifacio Echeverria SA	Z-62 und Z-70	Z-84
Produktionszeit	ab 1963	ab 1984
Kaliber	9 x 23 mm Largo, 9 x 19 mm Para	9 x 19 mm Para
Länge (Schulterstütze eingeklappt)	480 mm	615 mm
Länge (Schulterstütze ausgeklappt)	701 mm	410 mm
Lauflänge	201 mm	215 mm
Gewicht (ungeladen)	2,87 kg	3,0 kg
Magazinkapazität	20 und 30 Patronen	
Feuerarten	Einzelfeuer, Dauerfeuer	
Feuerrate	550 Schuss/min	300 Schuss/min
Visier	Klappkimmen 100 und 200 Meter	

Mexiko

Mendoza HM-3

Im Jahre 1990 begann der bereits 1911 gegründete mexikanische Waffenhersteller Productos Mendoza S.A. mit der Fertigung einer eigenen Maschinenpistole. Der Firmengründer, Rafael Mendoza, kämpfte schon mit dem späteren Volkshelden Francisco 'Pancho' Villa während der Mexikanischen Revolution und arbeitete damals an der Verbesserung von Maschinengewehren für die mexikanische Armee. In den Folgejahren eignete er sich umfangreiches Wissen in Sachen Waffenbau an und gab sein Wissen auch an seinen Sohn Héctor weiter. Dieser entwickelte dann viele Jahre später seine erste Maschinenpistole, die Mendoza HM-3 im Kaliber 9 x 19 mm.

Es handelt sich dabei um einen konventionellen Rückstoßlader mit Masseverschluss und unverriegeltem Lauf. Die Waffe ist für Dauer- und Einzelfeuer eingerichtet und verfügt über eine zusätzliche Handballensicherung am Griff. Die seitlich anklappbare Schulterstütze lässt sich als Vordergriff benutzen. Dank des Pistolengriffs, der gleichzeitig als Magazinschacht fungiert, ist die HM-3 auch bei Feuerstößen gut ausbalanciert und sehr präzise.

Hauptabnehmer der Waffe sind die mexikanische Polizei und Sicherheitskräfte. Von der 9mm-Ausführung sind derzeit auch drei verschiedene Ausführungen auf dem Markt: Die HM-3-S LONG mit 61 cm Gesamtlänge, die HM-3-S SHORT mit kürzerem Lauf und 53 cm Gesamtlänge und die HM-3-S BULLDOG mit nur noch 49 cm Gesamtlänge. Letztere ist auch als HM-3-S Mini bekannt und wurde insbesondere für Motorradfahrer der Polizei und Spezialeinheiten geschaffen.

Seit 2011 bietet Productos Mendoza in Kooperation mit X-Arms alle drei Modelle auch im Kaliber .380 ACP (9 x 17 mm) ohne Dauerfeuereinrichtung an. Dies ist das stärkste Kaliber, welches in Mexiko von Privatpersonen und Sicherheitsunternehmen legal besessen werden darf. Aus Marketinggründen erhielt das lange Modell den Namen »COBRA .380«. Außer dem Kaliber und einem Magazin für 35 Patronen sind die Waffen technisch völlig identisch. Für den zivilen Markt existiert auch noch ein halbautomatisches Modell im Kaliber .22 lfB.

Die Mendoza HM-3 der Productos Mendoza S.A. war Mexikos erste eigene Maschinenpistole.

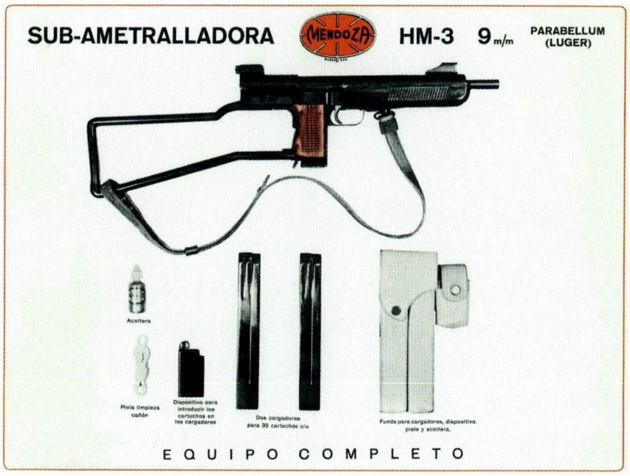

Übersicht über das Zubehör aus einem Werbeheft des Herstellers.

Die COBRA im Kaliber .380 ACP war für den zivilen Markt bestimmt.

Die HM-3-S BULLDOG ist die kleinste Ausführung der Mendoza und lässt sich problemlos verdeckt tragen.

X-Arms vertreibt die HM-3-S BULLDOG auch in diversen Tarnmustern. Mit angeklapptem Schaft ist sie nur 27 cm lang. [Foto: X-Arms]

Technische Daten:	
Productos Mendoza S.A.	HM-3
Produktionszeit:	ab 1950
Kaliber:	9 x 19 mm
Länge (Schaft eingeklappt):	395 mm
Länge (Schaft ausgeklappt):	615 mm
Lauflänge:	255 mm
Gewicht (ungeladen):	2,7 kg
Gewicht (geladen):	3,4 kg
Magazinkapazität:	20 und 32 Patronen
Feuerarten:	Einzelfeuer, Dauerfeuer
Feuerrate:	600 Schuss/min

Kroatien: Pleter, Crogar, Agram, Šokac, Zagi, ERO und Alka

Nach einer Abstimmung über die Loslösung Kroatiens von der damaligen Sozialistischen Föderativen Republik Jugoslawiens und der daraufhin am 25. Juni 1991 folgenden Unabhängigkeitserklärung entbrannte ein mehrjähriger Bürgerkrieg zwischen kroatischen Regierungstruppen und der Jugoslawischen Volksarmee (JNA) sowie paramilitärischen Serbenverbänden. Angesichts der Unruhen auch in anderen Staaten und der schwer überschaubaren Kriegssituation mit Vertreibungen und ethnischen »Säuberungen« verhängte die internationale Staatengemeinschaft über das gesamte ehemalige Jugoslawien ein Waffenembargo. Der waffentechnisch weit unterlegenen kroatischen Armee (Hrvatska Vojska) blieb somit der Zugriff auf moderne Schusswaffen verwehrt. Den Kroaten blieb nichts anderes übrig, als sich schnellstmöglich selber zu helfen. Improvisierte Schusswaffen prägten die Anfangsphase der Kämpfe um ein freies Kroatien.

Die Pleter M 91 erhielt ihren Namen vom Ort ihrer Herstellung, der Stadt Pleternica im slawonischen Teil Kroatiens. Endfertigungsbetrieb war die dort ansässige Firma OROPLET. Die Konstruktion lehnt sich stark an die belgische MP Vigneron M1 an, jedoch sind ihr Verschluss und die Laufhaltemutter wie bei der Sten-MP gestaltet. Kimme und Korn sind festgeschweißt und können nicht justiert werden. Das Magazin für die 9-mm-Patronen wiederum ist eine Kopie des Uzi-Magazins.

Eine der ersten in Kroatien gefertigten MPs war die Pleter Modell 91 mit starker Anlehnung an die belgische Vigneron.

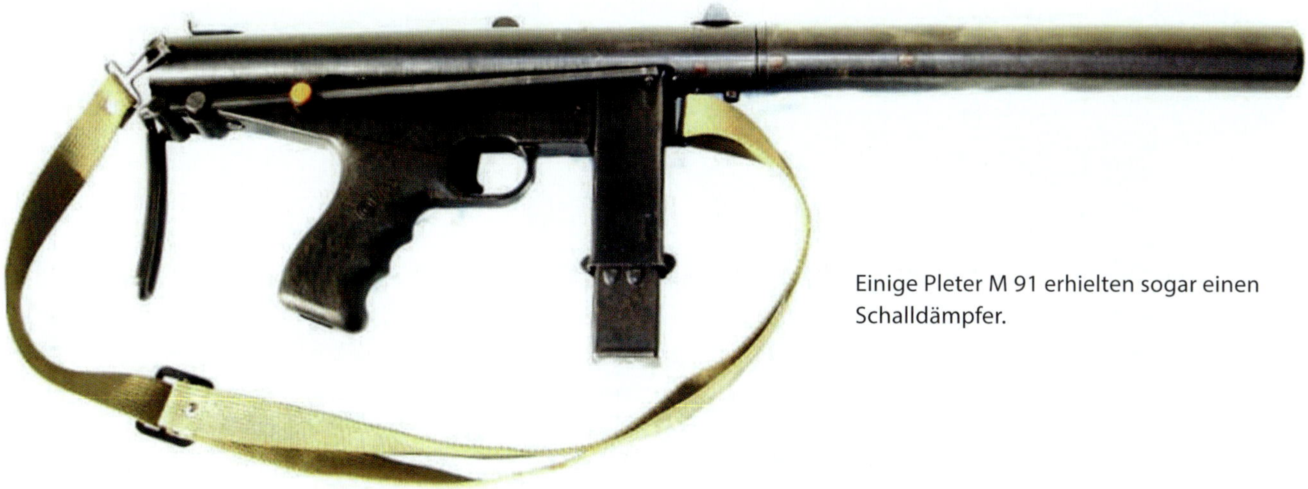

Einige Pleter M 91 erhielten sogar einen Schalldämpfer.

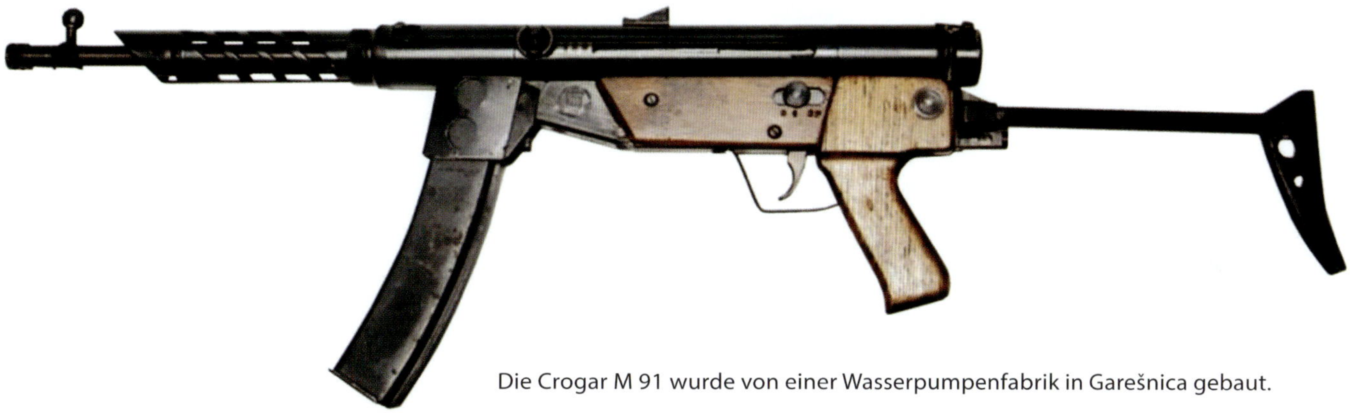

Die Crogar M 91 wurde von einer Wasserpumpenfabrik in Garešnica gebaut.

Die modern wirkende Agram gab es in verschiedenen Ausführungen. Mit ihrer handlichen Größe war sie eine ideale Nahkampfwaffe.

Für die Agram 2000 gab es optional auch einen sehr effektiven Schalldämpfer. (Foto: BKA)

Im kleineren Kaliber 7,62 x 25 mm entstand die Crogar M 91. Die Waffe besaß einen Feuerwahlhebel mit drei Stellungen (Sicher, Einzel- und Dauerfeuer). Ihr gebogenes Magazin fasste 32 Patronen. Trommeln waren nicht verwendbar. Die Crogar wurden in Garešnica bei S.K.M. gefertigt, einer Fabrik für Wasserpumpen und Ventile.

Die erste in größerer Serie gefertigte Maschinenpistole war die Agram (deutschsprachig für Zagreb, Hauptstadt Kroatiens) im Kaliber 9 x 19 mm. Entwickelt und produziert wurde diese zuschießende Waffe mit Masseverschluss von Mirko Vugrek in dessen Firma Novi Golubovec bei Zagreb. Der gelochte Handgriff wurde von einem Restaurator für

Eine noch weiter verkleinerte Ausführung der Agram kam als Modell 2002 auf den Markt.

Aus gekürzten russischen Weltkriegs-PPSh 41 entstand die Jelen. Sie war mit ihrem Trommelmagazin eine sehr feuerstarke Nahkampfwaffe.

Ein Lager der kroatischen Polizei mit beschlagnahmten Waffen. So manche Maschinenpistole entstand nur als Einzelstück ohne Modellbezeichnung. Auch über die Herkunft dieser hier ist bislang nichts bekannt. [Polizeimuseum Zagreb]

Technisch einfach und in größeren Mengen gefertigt wurde die Šokac. Mangels geeigneter Blechpressen besteht sie fast nur aus gefrästen Teilen.

Alles an der Šokac ist robust. Man beachte die Wandstärke des Magazinschachts. Auch die Magazine sind aus dickem Blech geformt und nahezu unzerstörbar.

Ein Blick in das Innere der Šokac. Sie ist eine fast baugleiche Kopie der russischen PPSh 41 – nur eben aus gefrästen Teilen anstatt geformtem Blech.

In geringerer Stückzahl entstand die »Luxusausführung« der Šokac mit einer zusätzlichen Verkleidung des Gehäuseunterteils aus schwarzem Kunststoff. Diese Waffe hier besitzt zudem einen zur Seite klappbaren Schaft.

Eine Zagi M 91 im Kampfeinsatz. Die Waffe bewährte sich gut, aber die ausziehbare Schulterstütze erlaubte keinen bequemen Anschlag.

Die Zagi M 91 entstand 1991 bei PHTO (Erste Kroatische Fabrik für Waffen). Ihren Namen erhielt sie von »Zagi«, dem Maskottchen der zuvor in Zagreb stattgefundenen Sportveranstaltung Universijada.

historische Möbel entworfen. Mit nur 1,8 kg Gewicht, ihrer handlichen Größe und der robusten Bauweise ist die Agram hervorragend für den Häuser- und Nahkampf geeignet. Das erkannten auch Kriminelle – und somit verbreitete sich die Agram unter Drogenhändlern und Straßenbanden in Europa. In Zagreb starb 1998 der berüchtigte Mafiaboss Zlatko Bagarić im Kugelhagel einer Agram.

Eine technisch etwas einfachere Waffe war die Šokac. Bei ihr handelt es sich um eine Kopie der russischen PPSh 41 aus dem Zweiten Weltkrieg, allerdings im Kaliber 9 mm. Im komplett gefrästen Gehäuse, dessen Oberteil sich nach Drücken eines Knopfes an der Rückseite aufklappen lässt, befindet sich der von der PPSh 41 abgekupferte Verschluss. Die häufig anzutreffende seitlich klappbare Schulterstütze kopierte man von der tschechischen Sa 25. Das gerade Stangenmagazin fasst 25 Patronen. Die erste Erprobung fand im August 1991 statt. Von da an entstanden diverse Variationen, je nach Hersteller aus verschiedenen Werkstoffen, mit kurzem oder langem Lauf, mit Mündungsfeuerdämpfer oder mit Schalldämpfer. Hauptproduzent der Šokac war Đuro Đaković in Slavonski Brod.

Nach diversen Anfangsschwierigkeiten kam die kroatische Waffenfertigung immer mehr in Schwung. Die Entwürfe wurden hochwertiger und zuverlässiger. Die Zagi M 91 entstand bei der Prva Hrvatska Tvornica Oruzja, kurz »PHTO«. Technisch orientiert sich die Waffe an der britischen Sten-MP, das Magazin wiederum wurde von der MP 40 kopiert. Einige Zagis wurden mit Schalldämpfern ausgestattet.

Zu den besten Waffen der kroatischen Kämpfer zählte die ERO. Sie ist eine komplette Kopie der israelischen Uzi. Alle Bauteile sind austauschbar, und auch das Uzi-Magazin kann verwendet werden. Optional gab es auch einen Schalldämpfer für die MP. Hergestellt wurde die ERO ab 1992 von ARMA in Zagreb. Im selben Jahr war die Waffe dank der guten Verbindungen des Firmeninhabers zur Armeeführung als deren Standardwaffe eingeführt worden. Im Jahre 2000 folgte noch eine Kleinausführung als »Mini-ERO«.

Nur selten gewähren Fotos einen Einblick in die Waffenfertigung während des Bürgerkriegs.
Diese etwas kleinen Fotos der kroatischen Polizei zeigen die Herstellung der »Zagi« bei Prva Hrvatska Tvornica Oruzja. [Polizeimuseum Zagreb]

Eine größere Stückzahl der Zagi wurde vom Werk aus mit einem Schalldämpfer ausgestattet. Sie erhielten einen kurzen Lauf mit spiralförmig umlaufenden Bohrungen für den Gasdruck.

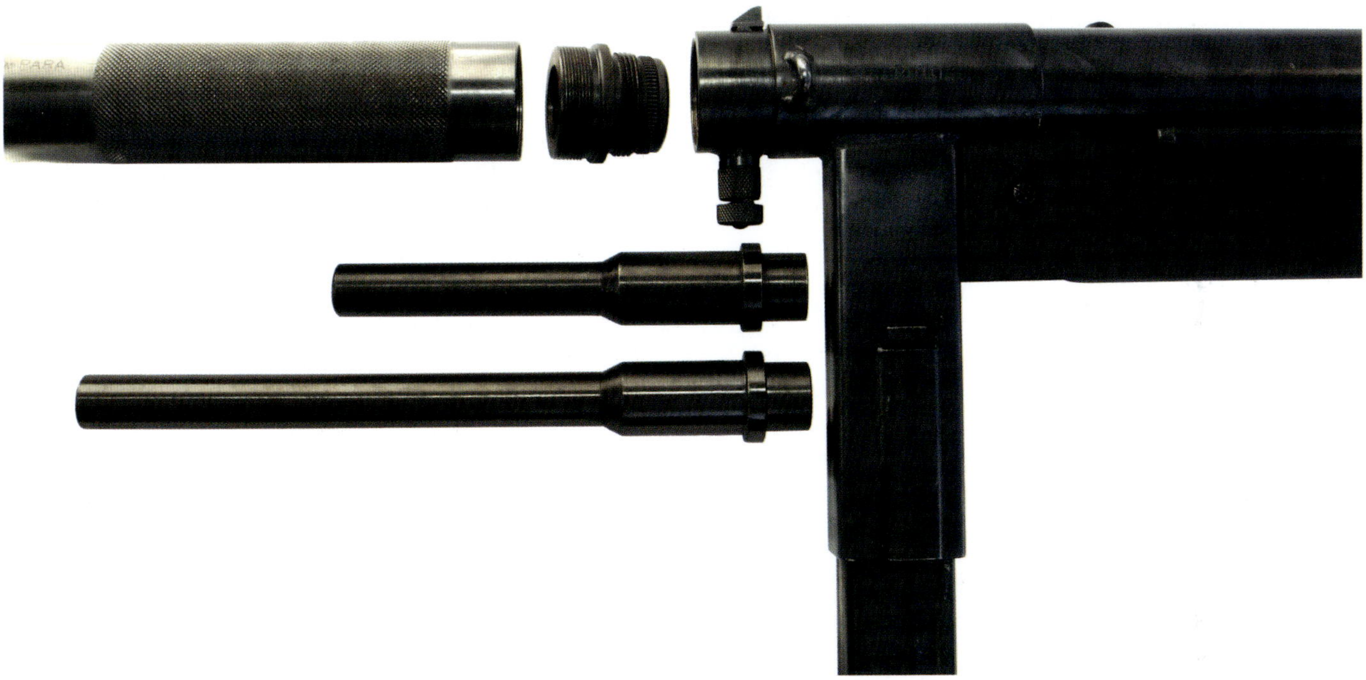

Der Schalldämpfer wird über einen gefederten Stift im Gehäuse gehalten und kann zur Reinigung leicht abgenommen werden. Der spezielle, gekürzte Lauf besitzt rund um die Abstufung zusätzliche Bohrungen für die heißen Verbrennungsgase. Darunter ein normaler Lauf zum Vergleich.

Der Verschluss der Zagi ist teilweise von der britischen Sten abgekupfert.

Mit der ERO entstand eine komplette Kopie der israelischen Uzi. Sämtliche Bauteile sind austauschbar.

Auch die ERO machte die Verkleinerungsschritte analog zur Uzi mit: hier die Mini-ERO aus dem Jahre 2000.

Dieser kroatische Patrouillenführer trägt eine ERO, während seine Kameraden mit Sturmgewehren bewaffnet sind.

Die letzte kroatische Eigenentwicklung, die noch während der Krieges in Serienfertigung ging, war die Alka M 93. Für sie stand die tschechische Klein-MP Skorpion Pate. Die Firma Industrija Metalnih Proizvoda (IMP) in Ozalj fertigte die MP Alka ab 1993 bis über das Kriegsende hinaus. Marko Vuković, der die Firma 1990 zusammen mit Ivan Žabčić gegründet hatte, kämpfte selber im Bürgerkrieg und wurde zweimal verwundet. Nach dem Erfolg mit ihrer Pistole HS2000 teilte sich die Firma in »HS Produkt« (Waffenfertigung) und »IM Metal« (Feuerlöschgeräte) auf. Erstere zählt heute zu den bedeutensten Rüstungsbetrieben in Kroatien.

Die Klein-MP Alka M 93 im Kaliber 9 x 19 mm war der tschechischen Skorpion nachempfunden.

Bestempelung der Alka unter anderem mit Firmenlogo IMP und kroatischem Wappen.

Technische Daten				
Modell	Agram 2000	Pleter M 91	Sokac P1	Alar
hergestellt ab	1990	1991	1991	1992
Kaliber	9 mm	9 mm	9 mm	9 mm
Gewicht ungeladen	1,8 kg	3,15 kg	3,85 kg	?
Länge	482 mm	699 / 519 mm	810 / 535 mm	560 mm
Länge Lauf	150–200 mm	220 mm	230 mm	215 mm
Magazinkapazität	15, 22, 32	25, 32	25	32
Kadenz (Schuss/min.)	800	630	1024	?
V_0	400 m/s	400 m/s	400 m/s	400 m/s

Modell	Zagi M 91	ERO	Alka M 93	Mini-ERO
hergestellt ab	1992	1992	1993	2000
Kaliber	9 mm	9 mm	9 mm	9 mm
Gewicht ungeladen	3,41 kg	3,5 kg	?	2,2 kg
Länge	850 / 565 mm	650 / 470 mm	630 / 338 mm	545 / 320 mm
Länge Lauf	220 mm	260 mm	200 mm	150 mm
Magazinkapazität	25, 32	32	40	20
Kadenz (Schuss/min.)	630	650	?	1100
V_0	400 m/s	400 m/s	400 m/s	352 m/s

WEITERE INTERESSANTE BÜCHER ZUM THEMA

Alexander Losert beschreibt in seinem Buch alle wichtigen Maschinengewehre aus deutscher Fertigung, die bis zum Ende des Zweiten Weltkrieges entwickelt und verwendet wurden, darunter auch die selbstentwickelte, wassergekühlte MG 08 bzw. 08/15.
144 Seiten, 150 Abbildungen,
Format 215 x 280 mm
ISBN 978-3-613-04122-6
€ 19,95 / € (A) 20,60

Michael Heidler beschreibt in diesem Band Typen, Funktionsweise und technischen Aufbau von Maschinenpistolen und erzählt, wie sich diese Waffe in Deutschland, Europa und in anderen Teilen der Welt entwickelt und durchgesetzt hat.
128 Seiten, 220 Abbildungen,
Format 215 x 280 mm
ISBN 978-3-613-04186-8
€ 19,95 / € (A) 20,60

Wolfgang Fleischer schildert in diesem Band die Entwicklung, den praktischen Einsatz und die Technik von Handgranaten, Granatgewehren, Panzernahbekämpfungsmitteln, Brand-, Spreng- und Zündmitteln sowie von Waffen zur Tieffliegerabwehr.
320 Seiten, 444 Abbildungen, Format 170 x 240 mm
ISBN 978-3-613-04057-1
€ 39,90 / € (A) 41,10

Dieser überarbeitete und erweiterte Klassiker zeigt dem Langwaffenschützen - egal ob Sportschütze, Jäger oder behördlicher Waffenträger - welche Faktoren die Treffgenauigkeit einer Waffe beeinflussen. Die angewandten Prinzipien können sowohl bei Präzisionsgewehren als auch bei Serienwaffen herangezogen werden.
224 Seiten, 150 Abbildungen,
Format 170 x 240 mm
ISBN 978-3-613-04124-0
€ 34,90 / € (A) 35,90

Stand April 2019
Änderungen in Preis und Lieferfähigkeit vorbehalten.

Überall, wo es Bücher gibt, oder unter
WWW.MOTORBUCH-VERSAND.DE
Service-Hotline: 0711 / 78 99 21 51

Motor buch Verlag